U0175226

近代物理实验(第二版)

唐明君　等　编著

科学出版社

北　京

内 容 简 介

本书根据教育部高等院校物理学与天文学教学指导委员会通过的"高等理科物理学专业（四年制）近代物理实验教学基本要求"，进行了实验项目的选择和编写。其内容涉及误差理论与数据处理、原子物理实验、磁共振技术、真空与低温技术、激光技术与近代光学、液晶显示技术以及计算物理等。共分为 7 个章节，22 个实验项目。每个实验项目详细阐述了实验背景、实验原理、实验仪器、实验内容、操作步骤以及注意事项等。

本书可作为高等院校理工科本科生或研究生的近代物理实验课程的教材，也可作为从事物理实验教学的教师或工程技术人员的参考用书。

图书在版编目(CIP)数据

近代物理实验 / 唐明君等编著. -- 2 版. —北京：科学出版社，2020.3
（2024.7 重印）
 ISBN 978-7-03-063889-2

Ⅰ.①近… Ⅱ.①唐… Ⅲ.物理学–实验–高等学校–教材 Ⅳ.①O41–33

中国版本图书馆 CIP 数据核字（2019）第 288693 号

责任编辑：张 展 罗 莉 / 责任校对：彭 映
责任印制：罗 科 / 封面设计：墨创文化

科学出版社 出版

北京东黄城根北街16号
邮政编码：100717
http://www.sciencep.com

四川煤田地质制图印务有限责任公司 印刷
科学出版社发行 各地新华书店经销
*

2020 年 3 月第 一 版 开本：787×1092 1/16
2024 年 7 月第四次印刷 印张：14 1/2
字数：343 000
定价：49.00 元
（如有印装质量问题，我社负责调换）

《近代物理实验（第二版）》作者名单

唐明君　李　玲　王骏华　刘　科

何　林　黄肖芬　苏亚荣　谢征微

祝建琦　常　景　蒋　涛

前　言

物理学，是研究物质运动一般规律和物质基本结构的学科，也是自然科学的带头学科。同时它也是一门实验科学，无论是物理学规律的发现，还是物理学理论的验证，都离不开物理实验。

近代物理实验是一门"厚基础、宽视野、强能力、高境界"的物理与现代相结合，科学与应用相结合，有着丰富的实验思想和实验方法，且具有很强技术性、综合性、实用性和前沿性的实践课程。该课程介于基础物理与专业物理实验之间，教学与科研实验之间，具有"承上启下"的桥梁作用。

新一轮世界范围的科技革命和产业变革，以及信息网络化时代要求将现代信息技术深度融入高等教育，推动智慧学习环境与教育课程全方位融合，打造智慧学习环境，探索实施智能化精准教育，提升教学效果。因此，本书将现代信息技术方法运用到教材中，学生可以在网络环境下参加到在线开放课程中进行视频观看和数字化拓展资源阅读等。运用本教材可以推动教学模式的改革，广泛开展探究式、个性化、参与式教学，推广翻转课堂、混合式教学等教学方式，将沉默单向的课堂变成碰撞思想、启迪智慧的互动场所。

同时，随着科学技术不断创新、不断发展，许多前沿的科学新技术和新思想不断涌现，比如真空与低温技术、微纳加工技术、纳米测量技术、光纤传输技术、激光技术、液晶显示技术、模拟技术以及量子霍尔效应、巨磁阻效应等的出现，使得近代物理实验不断更新，内容越来越丰富。因此，本书主要包括以下几个方面内容：①在近代物理发展过程中起过重大作用，具有里程碑意义的著名实验；②一些反映近代物理思想方法与现代科技应用紧密关联的、有着广泛应用的典型实验；③实验室近年来引进的一些新的专题实验；④科研实验室中一些应用广泛的科研实验项目；⑤模拟计算物理实验。

本教材精选了原子物理实验、磁共振技术、真空与低温技术、激光技术与近代光学、液晶显示技术以及计算物理等 22 个近代物理实验的真实实验及计算模拟实验，同时简要介绍了物理实验中的误差理论与数据处理的基本知识。本书的每一个实验项目都详细阐述了实验背景、实验原理、实验仪器、实验内容、操作步骤以及注意事项等，以便学生清楚地了解该实验的物理思想、设计方法以及与实验相关的背景知识。学生在做实验之前还可以通过加入在线开放课程(http://sicnu.fanya.chaoxing.com/portal)进行实验预习，了解仪器设备的结构、观看实验的具体操作步骤及实验操作中的注意事项，做到实验前心中有数，以便课堂上能够高效率、高质量地完成实验，收到良好的效果。

本书的编写的人员有：唐明君(第二章，实验 4、实验 6、实验 7；第三章，实验 9；

第五章，实验 18；第六章，实验 19、实验 20)、王骏华(第一章；第四章，实验 13、实验 14、实验 15)、何林(第二章，实验 5；第五章，实验 17)、刘科(第二章，实验 2；第三章，实验 10)、黄肖芬(第三章，实验 8；第四章，实验 12)、苏亚荣(第二章，实验 3；第四章，实验 16)、谢征微(第三章，实验 11)、祝建琦(第二章，实验 1)、常景(第七章，实验 21)、蒋涛(第七章，实验 22)。全书由唐明君统稿，李玲审稿。

本书是物理与电子工程学院教师多年来教学成果的总结，是集体智慧和辛勤劳动的体现。本书得到了四川师范大学教务处和学院领导的关怀和支持，同时也得到了科学出版社的肯定和支持，在此，表示衷心的感谢！

由于编者水平有限，书中可能有不当之处，望读者批评指正。

编者

2019 年 9 月

目　录

第一章 误差理论与数据处理

物理实验的任务，一是在实验室条件下科学地再现自然现象；二是测量现象中有关物理量以及它们之间的数量变化关系；三是通过测量数据的误差分析和数学处理，科学地评价测得的物理量或物理关系接近于客观事实的程度。在测量的过程中不可避免地包含一定的误差，没有误差的测量是不存在的。随着科学技术水平的不断提高，误差可以被控制得越来越小，但永远不会降低到零。

近代物理实验通常都是较为综合和复杂的实验，其测量值有些比较精确，有些还有明显的误差。因此，在实验的过程中需要提高误差理论水平，深入理解实验设计，有效地进行实验测量和实验数据处理，然后对实验结果进行正确的分析和判断。

本章主要介绍常用的误差理论分析和数据处理知识，阐述误差分析的理论基础，让学生学会有效地处理数据和分析数据，提高误差分析和处理数据的能力。

第一节 导 论

物理学是什么？根据斯坦福哲学百科全书的定义：物理学和自然科学是一个基于有效实验证据、判据和理性讨论的理智事业。它给我们提供了物理世界的知识，同时物理实验给我们提供了理解这些知识的证据(Physics, and natural science in general, is a reasonable enterprise based on valid experimental evidence, criticism, and rational discussion. It provides us with knowledge of the physical world, and it is experiment that provides the evidence that grounds this knowledge)。这个定义清楚地强调了实验在物理学中的重要地位。物理学是基于实验的学科，理论结果必须要符合实验结果，同时实验结果也可以作为理论体系的出发点。例如：19 世纪"以太"是困扰物理学家的幽灵，它被认为是电磁波的传播介质，然而迈克耳孙干涉实验的结果却和以太理论相悖。最后是爱因斯坦放弃了"以太"学说，承认实验结果"光速不变"，并以此为出发点，建立了狭义相对论体系。

本科生的物理实验课程，不仅是物理专业的核心培养课程，同时也可以给予学生在理论课上无法获得的知识技能。首先，实验可以锻炼学生的动手能力。狭义的动手能力主要指手工制作能力，广义的动手能力指解决问题的能力。实验课程以熟悉、调试以及操作实验设备为主，以解决遇到的各种问题为导向，对学生的动手能力有较高要求。其次，实验物理可以促使学生构建物理图像。构建物理图像是深入、系统学习物理的必然要求，它要求学习者在头脑中形成自然世界运行规律的图像。然而，纯理论学习不够生动形象，很多学生也缺乏许多物理规律的生活经验，与此相反，实验课程直观呈现了很多物理规律，让学生对物理规律有直观、深入、系统和图像化的理解，有助于物理图像形成。再次，实验物理有助于锻炼学生的数据收集和处理能力。当今社会是一个大数据时代，分析和处理这些数据是很多行业的基本要求，实验物理就是培养学生规范整理数据，然后科学分析数据并发现数据背后物理规律的能力。最后，实验物理有助于学生形成严谨、仔细的做事风格。实验学习和理论学习最大的区别就是，实验室对严谨仔细有近乎苛刻的要求。

那么如何做好物理实验呢？这里提供几点建议：

(1)遵守实验室规则。最近几年，高校以及研究所屡屡发生严重实验室事故，不仅有人员伤亡，还造成了固定资产的重大损失。实验室规则是预防事故的第一准则，遵守实验室规则是任何实验者的第一责任，也是最重要的责任。

(2)做好课前预习。本科物理实验的实验原理包括该实验的物理背景知识以及实验设备的工作原理，信息量很大，是做好实验的基础，必须理解掌握。然而，实验课程的时间有限，设备调试和数据测量、分析又要占用大量时间，因此不做好预习是完全无法做好实验的。

(3)操作前，积极思考。对于实验原理、操作步骤，若有不清楚的地方，应积极思考、提问，弄清楚之后才能开始做实验。

(4)操作中，严格按照实验步骤操作。这一点是很多学生容易轻视、忽略的，实际上实验步骤都是综合考虑了各种因素的结果，是实验优选的操作过程。有疑问应当在操作前提出，但是定下操作步骤后，必须严格执行，如此可以避免操作错误、损坏设备甚至引发危险的后果。严格按照实验步骤操作，这不是"笨"，而是实验操作的基本素质。

(5)在允许的情况下，尽量自己调试设备。在实际的教学中，学生为了快速完成实验，倾向于选择参数都已经调好的设备，直接测量数据。这种做实验的模式，导致学生对设备原理没有深入的理解，同时动手解决设备问题的能力也得不到锻炼。

(6)不伪造数据，尊重测量结果。实验是科学活动的核心，任何形式的伪造、抄袭数据行为，绝不允许发生。

(7)操作结束后，要按照要求认真分析实验数据，并完成实验报告。完成实验报告一方面能让学生反思、总结实验过程，另一方面也锻炼了学生的数据分析、处理能力，是实验学习的基本活动。

在实验过程中应遵循以下几个基本安全原则：

(1)未经指导老师同意，不允许私自操作实验设备。

(2)操作设备小心谨慎，必须严格按照实验操作步骤进行。

(3)遇到任何异常的声、光、电、热信号，立即报告。

(4)私人用品远离实验台。

(5)合适的着装要求。严禁穿着拖鞋、宽松外套、披长发进行实验。

(6) 实验结束，关闭水、电、气开关，把用过的物品放回原位。

总之，实验不同于理论学习，它不仅是对理论知识的补充理解，也是对学生其他能力的培养过程。实验学习有独特的要求，强调实验室安全、操作规范等，对学生来说，既新鲜又有很多和习惯相违背的要求，是一个全新的领域，需要引起足够的重视。

第二节　测量与误差

一、测量

(一)测量的对象

任何测量活动的前提是定义测量对象。被测对象不仅有物理量，还包括一系列条件描述。例如：测量金属丝的电阻值，就必须给出环境温度值以及金属丝长度、直径、材料等相关数据，这样的被测对象才会有一定精度的值。当然任何被测对象的定义都不可能完全清楚、不存在模糊的地方，例如并不是每个位置的金属丝直径及材料纯度都一样。被测对象描述的不完备性也决定了测量不可能达到无限精度，会存在误差。许多物理量的标准值也不是无限精度的，只不过这些标准值的测量仪器更精密，被测物理量描述更完整一些，从而给出的不确定度更小而已，例如：国际计量局给出的元电荷推荐值为$(1.602\,176\,487 \pm 0.000\,000\,040) \times 10^{-19}$ C。

物理量的概念和被测对象是联系在一起的。物理量是描述物理过程、物理现象、物质形态等自然现象的可定性区别和定量确定的属性，例如：描述热现象的温度；描述运动行为的加速度、速度；描述光现象的频率、波长等。物理量是物理学研究自然现象的窗口，通过学习物理量，能对自然现象有深入系统的认识。物理量可以有定性和定量两种描述方式。定性描述不考虑属性的具体大小、数值，仅对物理量做总体判断，如对水温的冷热感知，不需要测量。定量描述采用数学的办法，要给出物理量的具体数值，定量描述又分为量值描述和计数描述。量值描述指通过测量给出物理量的具体数值和单位，并评估测量不确定度，如质量测量结果为(2.30 ± 0.05) kg。而计数描述是指清点对象的数目，如 5 个苹果、10 支笔等，是非连续量，不需要评估测量不确定度。

(二)测量的概念

测量是指确定和估计物理量与其标准值的比值的活动，它要完成三步内容：确定测量标准、确定比值、表达结果。物理量的标准值是由国际计量委员会推荐的，被大家所接受，如"1 米"定义为真空中光走 $1/c$(1/光速)秒的距离；"1 秒"定义为基态铯 133 原子的两超精细能级结构之间的跃迁频率数值的 9 192 631 770 倍。有了测量标准之后，可以以此为基准制作实用的测量量具，如米尺、秒表等。然后就可以把需要测量的物理量和其标准值进行比较，确定比值。实际应用中就是用量具去测量物理量，得到一个数值，这个数值就是比较结果，一般不为整数。最后，把测量的结果，也就是比值科学地表示出来，测量结果包括：数值(也就是比值)、物理量单位以及测量不确定度。

(三)测量的分类

测量按照方法一般分为直接测量、间接测量和组合测量。直接测量：指与测量量具直接比较就可以得到测量结果的行为，如用钢尺可以直接测量桌子宽度，用秒表对跑步进行计时。间接测量：很多物理量没有相对应的量具，可以通过它们与直接测量物理量的函数关系得到，如单摆测量重力加速度中，需要通过测量摆长(钢尺)和单摆周期(秒表)得到重力加速度。组合测量：有些物理量需要通过求解直接或者间接测量物理量组成的方程组得到，如最小二乘法线性拟合求斜率和截距(此处方程数目远多于未知参数：斜率和截距)。

测量按照测量精度要求可以分为工程测量和精密测量。工程测量是指一般施工过程、日常生产过程中的测量，这些测量量具精度较低，不需要追求高精度测量，也不必分析测量误差、评估测量不确定度。精密测量要求对物理量进行高精度测量，一般是实验室、精密设备生产等的要求。精密测量需要严格按照测量不确定评估流程，遵循测量规范，确定测量结果，即数值(也就是比值)、物理量单位以及测量不确定度。

总之，测量是实验物理的核心活动之一，是实验的基本任务。

二、误差

由于实验原理的简化、实验仪器精度有限、测量对象制作工艺的差别和实验环境干扰等因素的影响，物理量的测量值不可能无限精确，与客观存在的真实值之间总是有差别，即测量误差总是存在。

(一)误差基本概念

测量误差 ε 的定义为：测量值 x 与真实值 A 的差，即

$$\varepsilon = x - A$$

这样定义的误差又叫绝对误差，绝对误差反映的是一个差值，其符号可正可负，其值甚至可以为零。对于同一实验条件、多次重复测量的实验，由于随机因素的影响，每次测量值不一样，从而绝对误差也不相同。

从误差的定义上看，实际应用的关键就是确定真实值 A。常见的真实值有：

(1)理论真值。如欧式几何中，三角形的内角和为180°；理论的精细结构常数。

(2)接受真值。如国际计量局的各种物理学常数的精确测量值。

(3)相对真值。如实验仪器说明书上提供的一些校准参考值。

然而，真实值仅仅是一个理想概念，实际应用的真实值不是客观不变的，如非欧式几

何三角形内角和就偏离 180°，而欧式几何也是近似结果，不具有无限精度；同样，被测对象描述的不完备性也导致真实值只是一个具有一定精度的值。因此误差是理想概念，实际应用时，需要对真实值做一些近似。

由于绝对误差在实际应用的过程中有很多局限，难以真正给出测量结果的准确程度，因此还需要定义相对误差，即

$$\left|\frac{\varepsilon}{A}\right| \times 100\%$$

实际应用过程中，如何选择合适的精度是很重要的问题，而通过比较相对误差大小，就可以进行选择。

【例题1】用仪器误差为 0.1 mm 的钢尺去测量 10.00 cm 的木条，用仪器误差为 0.01 mm 的游标卡尺去测量 5.00 mm 的钢丝，哪次测量结果的精度高呢？

答：钢尺：相对误差 $=\left|\frac{\varepsilon}{A}\right| \times 100\% = \left|\frac{0.1\,\text{mm}}{100.0\,\text{mm}}\right| \times 100\% = 0.1\%$

游标卡尺：相对误差 $=\left|\frac{\varepsilon}{A}\right| \times 100\% = \left|\frac{0.01\,\text{mm}}{5.00\,\text{mm}}\right| \times 100\% = 0.2\%$

因此，钢尺的测量结果精度更高。

从这个例子可以看出，测量结果的精度需要通过相对误差来体现，如果直接看绝对误差显然游标卡尺具有更高精度，但是这与结果恰好相反。

(二)误差分类

误差受实验过程中多种因素影响，按照这些影响因素的来源把误差分为：随机误差、系统误差和粗大误差。

1. 随机误差

随机误差，又叫偶然误差，来源于一些随机因素对实验结果的影响，如温度升降、同种工艺不同批次的测量样品、按秒表手法快慢的影响等。在同样实验条件下，对同一物理量的重复多次测量，就会产生符号和大小都不同的误差，即随机误差。

由于随机误差一般满足某种统计分布，所以随机误差的处理和分析一般需要借助概率与统计的理论。在图 1(a)中，靶点围绕着中心随机散开，这就是随机误差的特征。

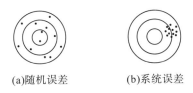

(a)随机误差　　　(b)系统误差

图 1　打靶图上随机误差和系统误差占主导的情况

随机误差并不可控，其出现充满不确定性，因此并不能完全避免，只能通过分析其统计分布来得到最佳测量值。

2. 系统误差

系统误差来源于测量仪器、测量技术和校准方法等，如天平的砝码被污染后引入的误差。在图1(b)中，靶点定向地偏往一个方向，这就是系统误差的特征。

如图1所示，如果没有背后的标靶，即不清楚真实值的情况，系统误差是很难判定的。特别是在科学研究过程中，测量的物理量可能是从来没有人测量过的，此时又没有可供借鉴的接受值，系统误差的判定就要求实验者具有丰富的实验经验。

3. 粗大误差

粗大误差又叫疏失误差，是由于测量过程中粗心大意、马虎而引起的读数、操作、记录数据等错误，使得个别测量数值明显偏离其他正常值(离群值)，这也是初学者常常引入的误差。

测量数据中的离群值是否属于粗大误差、是否需要剔除，需要认真考虑。按照统计的规律，出现特别异常的测量值的概率并不为零，所以需要专门的判定粗大误差的规则。对于满足正态分布的测量值，可以用 3σ 准则、格拉布斯准则、狄克逊准则和 t 分布等检验法来判定。

(三)测量仪器的性质

1. 测量精确度、测量正确度和测量准确度

测量精确度(precision)描述的是测量结果受随机误差影响的情况，随机误差越大，精确度越低；反之，越高。

测量正确度(correctness)描述的是测量结果受系统误差影响的情况，系统误差越大，正确度越低；反之，越高。

测量准确度(accuracy)是随机误差和系统误差综合影响的情况，只有系统误差和随机误差都小的时候，准确度才高。

图1(a)表示正确度高，精确度低的情况；图1(b)就表示正确度低，精确度高的情况。这三个概念经常使用，需要注意其中的区别。

2. 仪器误差

仪器误差又叫最大允许误差，指的是由于测量仪器的随机误差和系统误差影响，仪器测量值和真实值之间会有差别，它是生产商按照一定的技术标准、规范和仪器特性所标示的示值误差(测量仪器的显示值，即读数和真实值之间的差)的允许范围，并不是实际测量的误差。仪器误差是评估 B 类不确定度的基础，一般在仪器的说明书上都有标注，表 1

给出了一些常见的测量仪器的仪器误差。

表1 常见测量仪器的仪器误差

项目	测量仪器	最小分度值	仪器误差	备注
长度测量工具	钢尺	1 mm	0.1 mm	
	木尺	1 mm	0.5 mm	
	游标卡尺	0.02 mm	0.02 mm	有游标的其他设备的仪器误差也是最小分度值,如:分光计
	千分尺	0.01	0.005 mm	
	卷尺	1 mm	$(0.2\times L‰+0.3)$ mm	L 为读数
时间测量工具	机械表、石英电子表		0.01 s	
	数字毫秒表		0.001 s	
模拟设备	指针式电压表、电流表、电流计、压力计等		所选量程×a%	a 为电子设备精度等级。其他指针式仪表类似
	电阻箱		读数×a%	注意电阻箱的精度等级是随着所选挡位变化的
数字电子设备	数字万用表、电压表、电流表等		读数×a%+b	b 为该量程的分辨率;数字显示电子设备的示数对应着不同的量程,其分辨率不一样,相应的整数 b 也不同,一般可以从说明书上查得

注意表1中涉及电子设备的精度等级。精度等级是测量仪器精度常见的表达形式,与引用误差相关,引用误差定义为

$$引用误差=\frac{仪器误差}{量程范围}\times100\%$$

其中,量程范围为所选量程的上限减去下限。去掉引用误差的百分比即为精度等级,精度等级为规定的一系列数字,如0.1、0.2、0.5、1.0、1.5、2.5、5.0等。

【例题2】有两台电子秤,第一台测量范围为300～500 g,第二台为0～500 g,两台设备的仪器误差均为5 g,比较两者的精度等级。

解:引用误差分别为

$$第一台:\frac{5\,g}{200\,g}\times100\%=2.5\%$$

$$第二台:\frac{5\,g}{500\,g}\times100\%=1\%$$

精度等级分别为2.5和1,则第一台精度更高。

3. 读数误差

对于某些测量仪器,如图2所示,实验者从仪器上读到的值和仪器所展示的真实值是有差别的,这个差别就是读数误差。读数误差可能来自实验者读数方法不合理,如斜着眼

睛读图 2 的示数；也可能来自测量仪器精度的限制，如图 2 中指针较粗，已经有约 1 Pa 的误差。对于读数误差，一般取最小分度值的 0.2 倍，例如图 2 中的压强计读数误差为：2×0.2=0.4（Pa）。这一规则适用于指针式的仪器，如实验室常见的电压表、电流表和电流计。注意，对于游标卡尺类和数字显示的测量仪器，是不需要考虑读数误差的。

图 2　磁力式压强计

(四)随机误差的统计分析

为了分析简单，本小节假定系统误差为 0，只考虑随机误差。如前文所述，随机误差来源于一系列随机事件(在一次实验过程中，可能发生也可能不发生，但是在大量重复性的多次实验过程中，以一定概率发生的事件)的影响，因此随机误差随机分布在真实值周围，其分布具有以下特征：

(1)随机误差主要分布在某个区域，绝对值大的出现概率很小，反之，就大很多。

(2)测量次数无穷多的时候，绝对值相等、符号相反的随机误差出现概率相等，即对称分布，全体误差代数和为 0。

1. 无限次测量的统计分布

对于无限次测量的随机误差 ε 满足正态分布，即高斯分布，其概率密度分布函数为

$$f(\varepsilon) = \frac{1}{\sigma\sqrt{2\pi}} e^{-\varepsilon^2/2\sigma^2}$$

图 3 为该函数的图形，可以发现 σ 正好表示函数的"胖瘦"，σ 越小，图形越"瘦"，反之越"胖"。该函数具有以下特性：

(1) $f(\varepsilon)\mathrm{d}\varepsilon$ 表示误差位于 $(\varepsilon, \varepsilon + \mathrm{d}\varepsilon)$ 的概率。

(2)期望值 $\bar{\varepsilon}$：$\bar{\varepsilon} = \int_{-\infty}^{+\infty} \varepsilon f(\varepsilon)\mathrm{d}\varepsilon = 0$，表示随机误差的平均取值情况，指无穷次测量结果的最终估计值的误差，由 $\bar{\varepsilon} = 0$ 知，无穷次测量后，该值为真实值。

(3)函数图像关于 $\varepsilon = 0$ 左右对称。

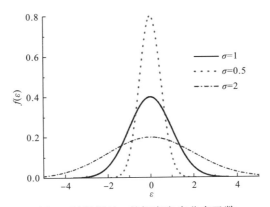

图 3 随机误差 ε 的概率密度分布函数

(4) 归一性，$\int_{-\infty}^{+\infty} f(\varepsilon) \mathrm{d}\varepsilon = 1$，即所有随机误差出现的概率之和为 1。

(5) 标准差：$\sigma = \sqrt{\int_{-\infty}^{+\infty} (\varepsilon)^2 f(\varepsilon) \mathrm{d}\varepsilon}$，所以标准差正好描述的是随机误差的分布情况，$\sigma$

越大，随机误差分得越散，反之越密。

如果对概率密度分布函数在 $(-\sigma, +\sigma)$ 范围之内进行积分，得到这一范围的置信概率：

$$\int_{-\sigma}^{+\sigma} f(\varepsilon) \mathrm{d}\varepsilon = 68.3\%$$

即，随机误差在这一范围出现的概率为 68.3%，$(-\sigma, +\sigma)$ 即为置信区间。置信概率又叫置信度，或者置信水平，和它相关联的还有显著性水平：

置信概率=1-显著性水平

显著性水平指进行实验检验时先设定的一个小概率标准，即小概率事件发生的概率大小。

置信区间还可以为其他范围，一般地，对于 $(-t\sigma, +t\sigma)$，t 为置信系数，其置信概率如图 4 所示，其中对于 2σ 置信概率为 95.4%，3σ 置信概率为 99.7%。当然 t 也可以为其他任意值，置信概率通过求解上式的积分得到。3σ 准则是置信区间的一个重要应用，即随机误差出现在 $(-3\sigma, +3\sigma)$ 区间外的概率可以认为为 0，即不可能出现。因此，3σ 也确定了测量仪器的误差极限，即前文所述的仪器误差。

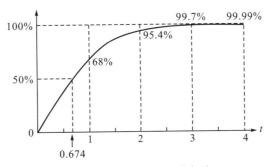

图 4 t 倍标准偏差的置信概率

2. 有限次测量的统计分布

实际测量过程中，无限次测量永远不可能实现，测量值永远不可能为真实值。对于 N 次有限测量，每次测量的随机误差 ε_i 与测量值 x_i、真实值 A 的关系为：$\varepsilon_i = x_i - A$。有限次测量虽然无法得到完整的随机分布，但是根据最大似然估计理论，依然可以根据几个特征值来估计正态分布即期望值和标准偏差。算术平均值是期望值的无偏差估计，所以两者可以等效。由于测量值 x_i 的方均根偏差是标准偏差的有偏差估计，所以前者是后者的近似估计，只有当测量次数足够多的时候，两者才会很接近，因此一般用平均值的标准偏差来估计标准偏差。现在对几个重要的概念做详细说明。

（1）算术平均值：

$$\overline{x} = \frac{\sum_{i=1}^{N} x_i}{N}$$

即最佳估计值，表示随机误差的分布中心最可能为多少，即真实值为多少。

（2）样本方差：

$$s^2 = \frac{\sum_{i=1}^{N} (x_i - \overline{x})^2}{N}$$

表示随机误差分布的离散情况。

（3）总体标准差：

$$\sigma = \sqrt{\frac{\sum_{i=1}^{N} (x_i - A)^2}{N}}, \ N \to +\infty$$

显然总体标准差在实际过程中无法使用。

（4）残余误差：

$$v_i = x_i - \overline{x}$$

由于平均值 $\overline{x}$ 最接近真实值 A，所以可以用 $\overline{x}$ 来代替，残余误差又称残差或者偏差。

（5）方均根标准差：

$$\sqrt{\frac{\sum_{i=1}^{N} v_i^2}{N}} = \sqrt{\frac{\sum_{i=1}^{N} (x_i - \overline{x})^2}{N}}$$

（6）采样标准差：

$$S_x = \sqrt{\frac{\sum_{i=1}^{N} (x_i - \overline{x})^2}{N-1}}$$

采样标准差描述整个样本的分布离散程度，该公式即为贝塞尔公式。此处用 $N-1$ 代替 N 进行修正，是因为对于只有 1 次的测量实际上是无法评估离散情况的，标准偏差此时也为

0，不需要考虑。

(7) 平均值的实验标准差：

$$S_{\bar{x}} = \frac{s_x}{\sqrt{N}} = \sqrt{\frac{\sum_{i=1}^{N}(x_i - \bar{x})^2}{N(N-1)}}$$

平均值的实验标准差描述的是样本期望值与总体期望值(即真实值)的偏离情况，由于实际应用中用平均值代替真实值，所以平均值的实验标准差才是测量结果精度的指标，它估计了真实值的分布范围，是评估 A 类不确定的基础。

为了更精确地通过有限次重复测量来估计总体的正态分布情况，测量次数要求足够多，然而实际应用的过程中，测量次数越多，效率越低，例如，如果要把平均值的标准偏差 $s_x/\sqrt{N}$ 的精度提高 10 倍，需要测量 100 次，而提高 100 倍，需要测量 10000 次，效率越来越低。所以要根据我们的精度需求，合理安排测量次数。

上述有限次测量误差估计方法是最常用也是最常见的方法，实际上还有其他方法，如别捷尔斯法、极差法、最大误差法、最大残差法等，这里不做详述。

三、测量不确定度

不论是被测对象的定义不完备性，还是测量仪器的精度限制，或者是实验者经验的缺乏，都一定会有误差，而测量结果只是在当前实验条件下，对真实值做的一个最佳估计。由于误差是一个理想的概念，无法对测量结果做一个定量、完整、系统的评估，最后也无法给出测量结果的可信度、可靠度等，因此，后来提出了测量不确定度的概念。

实际上，国际社会认识和接受不确定度这一概念也经过了较长的时间。在 20 世纪 70 年代之前，测量误差理论的局限就已经被提出，到了 20 世纪 70 年代，越来越多的计量学家已经充分认识到不确定度相对于误差更科学。20 世纪 80 年代，经过国际计量委员会的建议，不确定度开始得到更广泛的应用。1995 年，国际标准化组织(International Organization for Standardization，ISO)起草了《测量不确定度表示指南》，之后经过修订、完善，完全确立了在国际上对测量结果的评估和表示用不确定度的标准。我国在 1999 年发布了《测量不确定度评定与表示》，给各个行业提供了基本标准。

不确定度和误差是两个相互关联但又有区别的概念，比如两者都是来源于测量过程中的随机效应和系统效应，但是不确定度又起因于误差理论的不足，与误差有明显的区别。表 2 把误差和不确定度的概念及一些性质做了比较，方便加深对两个概念的理解。

表 2　误差和不确定度概念及基本性质比较

	误差	不确定度
定义	测量值-真实值	最佳估计值附近的一个区间
与测量结果的关系	每次测量都有误差，一般情况下不同	测量结果只有一个总的不确定度

续表

	误差	不确定度
与测量条件的关系	如果不同测量条件、方法、环境的测量结果一样，则误差一样	即便测量结果一样，不同测量条件、方法、环境的不确定度也不一样
符号	有正有负甚至为零	总是正数
置信概率	不存在	必须有
与分布的关系	无关系	直接相关
分类	随机误差和系统误差	A类和B类不确定度，注意A类并不全指随机误差影响
分量合成规则	代数和	方和根

（一）不确定度基本概念

图5中，测量值 C_m，真实值 C_t，两者的差值就是误差，而不确定度定义的是测量值附近的一个区间，该区间从 C_m-U 到 C_m+U，U 的值可以采用不确定度评估办法对测量结果评定得到。真实值以一定概率位于该区间，不确定度的大小用该区间的一半，即 U 来表示。注意此处的测量值是已经对测量结果做了评估，是最接近被测对象真实值的值，所以叫最佳估计值。

从定义上看，不确定度描述的是测量结果的整体分布情况，不依赖真实值的具体大小，而误差只是一次测量的结果，且依赖于真实值，是一个理想概念，所以不确定度比误差更具有实际意义。

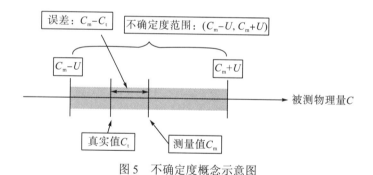

图5 不确定度概念示意图

根据定义描述，不确定度有三重要素，分别是：最佳估计值、分布区间（即不确定度大小）以及真实值位于区间的概率（即置信概率）。测量结果的不确定度评定表示为

测量结果=最佳估计值±不确定度大小(单位)置信概率

下面看一个经典的案例，如图6所示。爱因斯坦在20世纪初提出了广义相对论，他当时提出了一个引力红移的理论预言结果，即光线通过太阳后的弯曲角度为1.8″，理论提出后，爱丁顿爵士在日食的时候观测了这一现象，得出的测量结果为：$\alpha = (2.0 \pm 0.3)''$（95%）。其物理意义为：引力红移测偏转角 α 的测量结果的最佳估计值为2.0″，真实值有95%概率位于1.7″～2.3″。而理论值正好位于这个区间，所以他认为爱因斯坦预言结果是正

确的，0.3″ 就是这次测量的不确定度。最佳估计值在绝大多数的时候不会与理论值一致，如果没有不确定度的评估，是没法判断理论预言结果的正确性的。

图6　广义相对论预言的理论值和实验测量值

不确定度按照定义分为绝对不确定度和相对不确定度，绝对不确定度即前文所述的范围 U，而相对不确定度 U_r 的定义为

$$U_r = \left| \frac{U}{C_m} \right| \times 100\%$$

与相对误差类似，很多时候相对不确定度比绝对不确定度实用，如比较测量精度的时候。

（二）不确定度的分类

按照评定方法，不确定度可以分为 A 类不确定度和 B 类不确定度。

1. A 类不确定度

A 类不确定度是指用统计的方法评估测量结果。对于满足正态分布的随机多次测量，如果不考虑系统误差，则期望值是被测对象的真实值，而算术平均值是期望值的无偏差估计，所以用算术平均值作为最佳估计值；而平均值的标准偏差描述的是算术平均值的离散程度，作为不确定度；由于是标准偏差作为不确定度，置信概率为 68.3%。因此，对于被测物理量 x 的 N 次随机重复测量有

最佳估计值 x_b：

$$x_b = \frac{\sum_{i=1}^{N} x_i}{N}$$

不确定度 U_A：

$$U_A = \sigma_{\bar{x}} = \frac{s_x}{\sqrt{N}} = \sqrt{\frac{\sum_{i=1}^{N}(x_i - \bar{x})^2}{N(N-1)}}$$

置信概率 P：

$$P=68.3\%$$

物理量 x 的测量结果:

$$x = \bar{x} \pm \sigma_{\bar{x}} \text{(单位)} 68.3\%$$

这种用标准差评估的不确定度又叫作标准不确定度,标准不确定度的置信概率为68.3%,可以省略。没有特殊说明的不确定度均表示标准不确定度。

然而,当测量次数比较少的时候,随机多次测量并不满足正态分布,而是 t 分布,又叫做学生分布,两者在测量次数无穷的时候,是完全一致的。实际应用中,考虑 t 分布的情况特别多,因为不管是实验的客观条件还是实验者的主观局限,都无法满足测量次数足够多的要求。

考虑 t 分布之后,不确定度必须有修正因子 t_{ξ},变成 $t_{\xi}U_A$,其中 t_{ξ} 为置信概率是 ξ 情况下的修正因子。t_{ξ} 的具体数值可以通过查询得到,表3给出了随着测量次数变化,且置信概率分别为0.683、0.95和0.99的 t_{ξ} 因子的数值。从表3中可以看出对于置信概率为0.683的不确定度,t_{ξ} 因子在测量次数小于3的时候影响大,大于5次之后影响小。因此实验过程中的重复测量次数要求至少是3次,最好能够达到5次,实际应用中,还需要考虑 A 类不确定度在总的不确定度中的比重,如果比重小,可以测量3次;反之,测量5次。

表3 不同置信概率下 t_{ξ} 因子随测量次数的变化情况

不同置信概率下的 t_{ξ} 因子	测量次数/次							
	2	3	4	5	6	7	8	9
$t_{0.683}$	1.84	1.32	1.20	1.14	1.11	1.09	1.08	1.07
$t_{0.95}$	4.30	3.18	2.78	2.57	2.45	2.36	2.31	2.26
$t_{0.99}$	9.92	5.84	4.60	4.03	3.71	3.50	3.36	3.25

2. B 类不确定度

B 类不确定度不对测量结果进行统计分析,而是从已经存在的信息上查询得到,常见的有设备的仪器误差、读数误差、机械空程误差、数字示值的分辨率误差等。一般来说,除了 A 类不确定度,其他都归于 B 类不确定度。在某些情况下,只能评估 B 类不确定度。例如:由于实验成本的原因,只能进行单次测量;或者已经知道仪器和读数误差等分量占主导影响,不需要评估 A 类不确定度。

对于 B 类不确定度,最佳估计值不需要重新评估,与 A 类共用算术平均值;而不确定度大小,需要考虑 B 类不确定度的误差信息是基于什么分布得到的。

图7为最常见的均匀分布,又叫矩形分布或者等概率分布,主要特征是在区间 $(-a, a)$ 上误差是等概率出现的,而在该区间以外,概率全部为0。数字示值的分辨率误差、四舍五入引起的舍入误差、机械空程误差等多种常见的仪器误差和读数误差都满足均匀分布。实际上,除非特殊说明,一般认为仪器误差都满足均匀分布。对于均匀分布,不确定度为

$$U_B = \frac{a}{\sqrt{3}}$$

即用所给区间的一半除以 $\sqrt{3}$ 得到，置信概率近似为 68%。同样，这样得到的也是 B 类标准不确定度，置信概率可以省略。

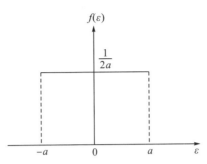

图 7　均匀分布的概率密度分布函数

对有仪器误差已经做特殊说明的情况，如满足正态分布、三角分布等，B 类不确定度就按照相应的分布，根据要求的置信概率评估得到。例如，如果仪器误差服从正态分布，同时所给的仪器误差区间 $(-a, a)$ 的置信概率为 P，那么不确定度为

$$U_B = \frac{a}{t}$$

式中，$a = t\sigma$，这样得到的 B 类不确定度的置信概率为 68.3%。

(三) 不确定度的合成

一般地，对于不确定度的分量 U_1、U_2，合成的总不确定度 U_t 是否等于"$U_1 + U_2$"呢？显然这是不合理的，因为"$U_1 + U_2$"意味着 U_t 的置信概率并不是 68.3%，而是 68.3%×68.3%，不确定度显然偏大了。简单点说，"$U_1 + U_2$"的含义之一就是分量"1"的误差偏离到 U_1 的同时，分量"2"的误差偏离到 U_2，发生概率为 68.3%×68.3%。

实际上，对于 n 个完全独立的不确定度分量 U_1、U_2、$\cdots$、U_n，总的不确定度 U_t 为

$$U_t = \sqrt{U_1^2 + U_2^2 + \cdots + U_n^2}$$

注意上式成立的前提一定是分量完全独立，如果分量之间有关联就会出现交叉项。上式成立的第二个要求是各个不确定度分量的置信概率要一致，否则是无法合成的。

相应地，A 类和 B 类不确定度合成公式为

$$U_t = \sqrt{U_A^2 + U_B^2}$$

不同的 B 类不确定度的来源合成公式为

$$U_B = \sqrt{U_{仪器}^2 + U_{读数}^2 + \cdots}$$

在实际操作过程中，一般是先估计 A 类和 B 类不确定度的各个分量，然后分别合成总的 A 类不确定度和总的 B 类不确定度，最后合成二者，得到测量结果的总不确定度。

(四)不确定度的传递

上述不确定度的评估方法主要针对直接测量物理量，然而还经常碰到间接测量物理量，它们的不确定度怎么评估呢？这就是不确定度传递要解决的问题。比如用单摆测量重力加速度 g 的实验，需要通过测量摆长 l 和单摆周期 T 得到，即：$g = 4\pi^2 l / T^2$。摆长的不确定度 U_l 和周期的不确定度 U_T 都通过直接测量完成评估，那么重力加速度不确定度只需要把两者的不确定度经过传递即可得到。

一般地，如果物理量 $q = q(x, y, \cdots)$，其中 x、y 是直接测量物理量且相互完全独立，置信概率一致，那么物理量不确定度的评估方法为

最佳估计值：$\bar{q} = q(\bar{x}, \bar{y}, \cdots)$

测量不确定度：

$$U_q = \sqrt{\left(\frac{\partial q}{\partial x}U_x\right)^2 + \left(\frac{\partial q}{\partial y}U_y\right)^2 + \cdots}$$

当把各个分量取期望值并代入上式的时候，正好是物理量 q 的最佳估计值，即出现概率最大。对物理量 $q = q(x, y, \cdots)$ 取自然对数就可以得到相对不确定度：

$$\frac{U_q}{q} = \sqrt{\left(\frac{\partial \ln q}{\partial x}U_x\right)^2 + \left(\frac{\partial \ln q}{\partial y}U_y\right)^2 + \cdots}$$

为了简便计算，如果间接测量物理量的函数关系以乘除法为主，用相对不确定度的公式合适，否则用绝对不确定度公式。表 4 给出了常见函数关系及其不确定度传递公式。

表 4　不同函数表达式对应的不确定度传递公式

函数表达式	不确定度传递公式
$q = x \pm y$	$U_q = \sqrt{U_x^2 + U_y^2}$
$q = \sin x$	$U_q = \cos x U_x$
$q = xy$	$\dfrac{U_q}{q} = \sqrt{\left(\dfrac{U_x}{x}\right)^2 + \left(\dfrac{U_y}{y}\right)^2}$
$q = \dfrac{x^k y^l}{z^m}$	$\dfrac{U_q}{q} = \sqrt{k^2\left(\dfrac{U_x}{x}\right)^2 + l^2\left(\dfrac{U_y}{y}\right)^2 + m^2\left(\dfrac{U_z}{z}\right)^2}$

(五)扩展不确定度

标准不确定度乘以一个常数即表示扩展不确定度，相应地扩展不确定度的置信概率也会发生变化。这主要是为了满足工程技术、科学研究等领域对于大的置信概率的不确定度的需求。如果标准不确定度为 U，置信概率为 68.3%，那么扩展不确定度可以表示为 $U_e = cU$，置信概率为任意值 P，其中 c 为包含因子。

前面所讲的 2σ 和 3σ 就可以作为扩展不确定度，其相应的置信概率分布为 95.4%、99.7%，其中"2"和"3"就是包含因子。对于任意包含因子且满足正态分布的情况下，置信概率的计算法则见置信概率积分公式；对于其他分布，只需要把相应的标准差和分布函数代入公式即可。

(六)不确定度评估流程

不确定度的评估流程总结如图 8 所示。

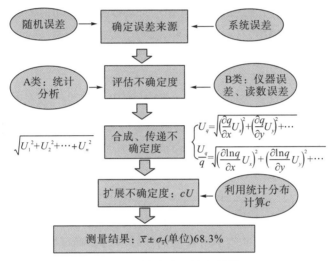

图 8 不确定度评估流程图

四、测量结果的有效数字

尽管已经具备不确定度评估方法，但是在评估测量结果的过程中还有一个重要问题没有解决，即测量结果的修约问题。例如：通过间接测量计算的重力加速度值为 $g=9.823\ 456\ \mathrm{m/s^2}$，计算的不确定数值为 $U_g=0.037\ 82\ \mathrm{m/s^2}$，最后的测量结果如何表示？

测量结果的修约规则，首先涉及有效数字的概念，它指实际能够测量到的数字，该数字只有最后一位可疑，其余都是可靠数字。例如：图 9 中塑料尺的测量结果为 5.12 cm，那么前面两位就是可靠数字，后面一位就是可疑数字，对于同一种物理量的不同测量工具的测量结果，有效数字越多，越精确。有效数字直接反映了测量工具的精度。

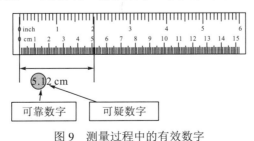

图 9 测量过程中的有效数字

测量结果的哪些数字为有效数字以及有效数字使用时需要注意的规则如下。

(1) 数字中间和末尾的 "0" 都是有效数字。

例如：钢尺测量结果 60.12 cm，则有 4 个有效数字；钢尺测量结果 60.10 cm，有 4 个有效数字。

(2) 数字开头的 "0" 不是有效数字。

例如：钢尺测量结果 0.12 cm=0.012 dm =0.0012 m，都只有 2 个有效数字。

(3) 整数末位 "0" 含义不清楚时，用科学计数法。

例如：对于 23400 cm，2.34×10^4 cm 有 3 个有效数字；2.340×10^4 cm 有 4 个有效数字；2.3400×10^4 cm 有 5 个有效数字。

(4) 倍数、分数以及常数 π、e 等非测定常数，有效位数可认为是无限的。

(5) 首位有效数字为 8，或者 9，多计一位有效数字。

例如：8.78 是 4 位有效数字，9236 是 5 位有效数字。

(6) lg、pH 等的有效数字只计算小数点后数字。

例如：lg12=1.079 为 3 位有效数字；pH=6.23 为 2 位有效数字。

最佳估计值和不确定度的具体修约方法及注意事项如下：

(1) 不确定度一般只保留一位有效数字，且 "只进不舍"。

用平均值的标准差估计总体标准差，且作为不确定大小毕竟只是近似，保留更多的有效数字是完全没有必要的。因此本小节开头的问题中的不确定度要写成 U_g =0.04 m/s^2。

注意有例外情况，如果第一个有效数字为 "1" 或者 "2"，一般保留两位有效数字。

(2) 不确定度和最佳估计值位数保持一致。具体操作规则为：①测量结果位数大于不确定度，以不确定度为准。②测量结果位数小于不确定度，给测量结果 "补零位"。

例如：测量结果 10.5 mm，不确定度 0.02 mm。最后的结果应该写成：10.50 mm。末位的 "0" 就是补上去的。因此，问题中的重力加速度的测量结果应该表示为：$g = (9.82 \pm 0.04) \text{m}/\text{s}^2$。

(3) 舍入规则。大于 5，入；小于 5，舍；等于 5，看 "单双"。看单双的具体规则：① "5" 以后有 "非 0" 数字，入。例如：22.5002 修约到个位数，为 23。② "5" 以后 "均为 0"，"5" 前面的保留位数的数字为 "奇数"，入；若为 "偶数"，舍。例如：21.5 修约到个数，为 22；22.5 修约到个数，为 22。

(4) 合理使用科学计数法。例如：电荷测量结果 $(2.37 \pm 0.03) \times 10^{-18}$C，而不是 $(2.37 \times 10^{-18} \pm 0.03 \times 10^{-18})$C。

(5) 修约之前的计算过程中，尽量多地保留有效数字。

测量结果的修约规则除了指导科学研究过程中合理处理测量数据之外，最重要的是作为社会生产生活的基本标准。所以具体的修约规则都有专门的国家标准，如《数值修约规则与极限数值的表示和判定》(GB/T 8170—2008)。

五、数据处理

在实验结束后，对测量的数据进行整理分析是实验物理的关键部分。数据处理的根本任务是通过直观、形象和科学的办法整理数据，找到数据背后的科学规律，从而获取相应的信息。在大学生实验课程中，最常见的数据处理方法有：列表法、图示法、逐差法、最小二乘法等。

（一）列表法

列表法即把测量数据制成表格，可以简单、明了地看出相关物理量之间的变化关系，同时整齐排列的数据也可以防止漏测数据、抄错数据等错误。例如表 5 是测量铜导线的电阻及其所处温度的数据。

表 5　铜导线的电阻随温度变化的实验测量结果

温度 T/℃	15.0	20.0	25.0	30.0	35.0	40.0	45.0	50.0
电阻 R/Ω	28.05	28.52	29.10	29.56	30.10	30.57	31.00	31.62

列表法要求如下：
（1）表格要有题目。
（2）物理量的名称、符号和单位需要给出。
（3）根据物理量多少和相互关系设计合适的表格。
（4）表格中所列数据的有效数字必须准确。
（5）必要时表格要附测量物理量所使用的工具及其仪器误差。

（二）图示法

图示法是将相关物理量测量的数据用图像表示出来，可以直接看出它们之间的关系。图示法还可以非常直接地看出一些错误的测量数据点，以及疑似离群值，还可以通过平滑曲线减小测量误差。现在科学研究的数据处理几乎都是借助数据处理软件完成，如 Origin、Igor、Matlab、Mathematic 等。为了锻炼学生，同时考虑到学生对软件使用水平的参差不齐，绝大部分大学物理实验还是要求用坐标纸作图。如图 10 是依据弹簧所受外力 F 和偏离平衡位置的位移 x 所测量的数据。

图示法的基本要求如下：
（1）横纵轴大小选择合适，使得图形能尽量占满坐标纸。
（2）最好设定主要的分度为整数。也就是粗红线代表整数。
（3）要给出横纵轴物理量的符号和单位，也可以把物理名称标注上去。
（4）数据点不要直接连起来变成折线，如有需要，平滑连接。
（5）图示要有名称。

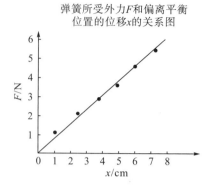

图 10　坐标纸图示法

(三)逐差法

逐差法也是数据处理常用的方法，图 11 为打点计时器纸带记录的位移情况，在实验中加速度 a、打点周期 T 和位移 s 之间的关系为

$$v_n = v_0 + aTn$$

$$s_n = v_0 T + aT^2 \left(n - \frac{1}{2} \right)$$

式中，n 为点的位置，左边第一个点为 0。因此，第 n 段的位移和加速 a 为线性关系，且相邻两段位移之间的差不变化，那么可以用逐项差值求加速度：

$$\bar{a} = \frac{\left(S_2 - S_1 \right) + \left(S_4 - S_3 \right) + \left(S_6 - S_5 \right) + \left(S_8 - S_7 \right)}{4T^2}$$

还可以用等间距差值，比如间距选为 4，则

$$\bar{a} = \frac{\left(S_8 + S_7 + S_6 + S_5 \right) - \left(S_4 + S_3 + S_2 + S_1 \right)}{4 \times 4T^2}$$

显然，相对于只用两段位移做差求加速度，逐差法充分利用了所有的数据点，可以大大减小误差。逐差法在大学物理实验中也经常用到，例如杨氏模量的测量及声速的测量等实验。

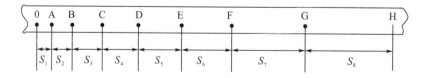

图 11　打点计时器测量加速度的实验中纸带记录的位移情况

逐差法是有适用条件的，需满足下列要求才能使用：

(1)测量量与所求量为线性关系。

(2)测量量变化是等间距的。

(3)总共有偶数组数据。

（四）最小二乘法

数据处理的更高要求是根据数据点找到相关物理量之间的客观规律，即相关物理量之间的函数关系。图 12 是图示法表示的测量数据，已经知道物理量 x 和 y 满足线性关系，那么如何找到一条合适的直线，使得数据点均匀分布于直线两侧？也就是说，如何找一条直线最能体现数据背后的线性规律呢？

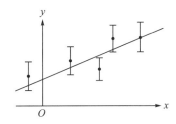

图 12　最小二乘法线性拟合示意图

利用最小二乘法就可以解决这一问题，现在考虑随机误差占主导，且满足正态分布的情况。由于确定直线关系只需要知道直线的斜率和截距，所以先假设存在 $y=Ax+B$ 这样的直线，那么对于第 i 个数据点，该数据点出现的概率应该满足：

$$P_{A,B}(y_i) \propto \frac{1}{\sigma_y} \mathrm{e}^{-(y_i - A - Bx_i)^2 / (2\sigma_y^2)}$$

那么 N 个数据点同时出现的概率为

$$P_{A,B} = P_{A,B}(y_1) P_{A,B}(y_2) \cdots P_{A,B}(y_N) \propto \frac{1}{\sigma_y^N} \mathrm{e}^{-\chi^2/2}$$

其中，

$$\chi^2 = \sum_{i=1}^{N} \frac{(y_i - A - Bx_i)^2}{\sigma_y^2}$$

总概率 $P_{A,B}$ 最大的时候对应的就是想要找的直线，即 χ^2 需要最小，只需要 χ^2 对 A 和 B 的偏微分为 0 即可：

$$\begin{cases} \dfrac{\partial \chi^2}{\partial A} = \dfrac{-2}{\sigma_y^2} \sum_{i=1}^{N} (y_i - A - Bx_i) = 0 \\ \dfrac{\partial \chi^2}{\partial B} = \dfrac{-2}{\sigma_y^2} \sum_{i=1}^{N} x_i [(y_i - A - Bx_i)] = 0 \end{cases}$$

解方程可得

$$A = \frac{\displaystyle\sum_{i=1}^{N} x_i^2 \sum_{i=1}^{N} y_i - \sum_{i=1}^{N} x_i \sum_{i=1}^{N} x_i y_i}{N \displaystyle\sum_{i=1}^{N} x_i^2 - \left(\sum_{i=1}^{N} x_i\right)^2}$$

$$B = \frac{N\sum\limits_{i=1}^{N} x_i y_i - \sum\limits_{i=1}^{N} x_i \sum\limits_{i=1}^{N} y_i}{N\sum\limits_{i=1}^{N} x_i^2 - \left(\sum\limits_{i=1}^{N} x_i\right)^2}$$

因此，直线 $y=Ax+B$ 就可以被确定。在数据点特别多的情况下，人工计算显然不现实，而对于计算机程序则轻而易举，而现在的数据处理软件已经把这一功能集成，可以直接使用。

最小二乘法线性拟合在本科物理实验阶段用得非常多，需要实验者掌握其基本思想和方法。最小二乘法的思想不仅仅是为了解决线性拟合，也可以用来处理一些非线性的函数关系，解决问题的基本思想是一致的，只不过非线性拟合会大大增加计算机的工作量，同时也会面临初值敏感等问题。所以对于一些简单的非线性关系，可以通过数学操作转换为线性关系，大大减少计算量，如 $y=Ce^x+D$，可以通过两边取 ln 转换为线性关系。

【参考文献】

董大钧，2013. 误差分析与数据处理[M]. 北京：清华大学出版社.

付浩，李志雄，2017. Introductory Physics Experiments for Undergraduates[M]. 北京：科学出版社.

韩忠主，2012. 近现代物理实验[M]. 北京：机械工业出版社.

潘学军，等，2006. 大学物理实验[M]. 北京：电子工业出版社.

Taylor J R，1997. An Introduction to Error Analysis[M]. 2nd ed. California：University Science Books.

第二章　原子物理实验

　　原子物理实验是研究原子的结构、运动规律及其相互作用的物理学实验。它主要研究原子的电子结构、原子光谱、原子之间或与其他物质的碰撞过程和相互作用过程。

　　1885 年，瑞士人巴尔末发现氢光谱线系，归纳出形式异常简单的经验公式，随后玻尔利用此规律，很快找到氢原子跃迁规律。1887 年，赫兹发现光电效应，后来被爱因斯坦利用光量子假说成功解释。1899 年，汤姆孙测定了光电流的荷质比，证明光电流是阴极在光照射下发射出的电子流。1904 年，密立根开始光电效应实验，历经十年，用实验证实了爱因斯坦的光量子理论，精确地测量出普朗克常量，并验证了光电效应方程的正确性。1895 年，伦琴发现了 X 射线，后来人们由此得到原子内层电子之间的跃迁规律。1896 年，荷兰物理学家塞曼用当时分辨率最高的罗兰凹面光栅和强大的电磁铁，发现了钠黄线在磁场中变宽的现象，后来又发现了镉蓝线在磁场中的分裂。由于电子的轨道磁矩和自旋磁矩共同受外磁场的作用，使得每个具有一定能量的定态原子获得一个附加能量，附加能量使原子能级分裂，以致光谱线分裂成若干成分。

　　20 世纪的前 30 年，原子物理学处于物理学的前沿，发展很快，促进了量子力学的建立，开创了近代物理的新时代。1913 年，密立根通过分析带电粒子所受到的力这一宏观的物理量研究了微观粒子的量子特性，证明了电荷的不连续性，明确了带电粒子的电荷量都是基本电荷的整数倍，并精确测出了基本电荷值。1914 年，弗兰克和赫兹用慢电子碰撞原子，用带电粒子和原子的碰撞实验研究化学物理问题。

　　本章包括塞曼效应、光电效应法测量普朗克常数、原子力显微镜的使用、氢(氘)原子光谱及里德伯常数的测量、巨磁电阻效应及其应用、密立根油滴实验和弗兰克-赫兹实验七个典型的原子物理实验。

实验 1　塞 曼 效 应

【引言】

塞曼效应实验在物理学史上是一个著名的实验，它是继法拉第(Faraday)1845 年发现旋光效应，克尔(Kerr)1875 年发现克尔电光效应(克尔效应)、1876 年发现磁光克尔效应之后的又一个磁光效应。1896 年，荷兰物理学家塞曼(Pieter Zeeman)用当时分辨率最高的罗兰凹面光栅和强大的电磁铁，发现了钠黄线在磁场中变宽的现象，后来又发现了镉蓝线在磁场中的分裂。

塞曼效应是由于电子的轨道磁矩和电子的自旋磁矩共同受外磁场的作用，使得每个具有一定能量的定态原子获得一个附加能量，附加能量使原子能级分裂，以致光谱线分裂成若干成分。由于历史的原因，人们把一条谱线分裂成三条(垂直于磁场方向观察时)且裂距按波数计算正好等于一个洛伦兹单位的现象称为正常塞曼效应，把分裂成更多条且裂距大于或小于一个洛伦兹单位的现象称为反常塞曼效应。直到今日，塞曼效应仍是研究原子能级结构的重要方法之一。

【实验目的】

(1)学习观测塞曼效应的实验方法。

(2)利用法布里-珀罗(Fabry-Perot，简写为 F-P)标准具体观察汞线的塞曼分裂，研究谱线、裂距及其在光谱学中的应用。

(3)掌握利用塞曼效应实验测定电子的荷质比(e/m)的方法。

【实验原理】

1. 原子能级在磁场中的分裂

原子磁矩 μ_J 由电子运动的轨道磁矩和自旋磁矩合成，它与原子总角动量 P_J 的大小关系为

$$\mu_J = g \frac{e}{2m} P_J \tag{1-1}$$

式中，g 称为朗德(Landé)因子，它表征了原子的总磁矩与总角动量的关系，并且决定了能级在磁场中的分裂大小。对于 LS 耦合，其 g 因子的表达式为

$$g = 1 + \frac{J(J+1) - L(L+1) + S(S+1)}{2J(J+1)} \tag{1-2}$$

式中，J、L 和 S 分别表示总角动量量子数、轨道量子数和自旋量子数。

2. 外磁场对原子能级的影响

原子的总磁矩 μ_J 在外加磁场 $\boldsymbol{B}$ 中，将受到力矩 $\boldsymbol{L} = \mu_J \times \boldsymbol{B}$ 的作用（图 1-1）。此力矩使 $\boldsymbol{P}_J$ 绕 $\boldsymbol{B}$ 旋进而引起的附加能量 ΔE 为

$$\Delta E = -\mu_J B \cos\alpha$$

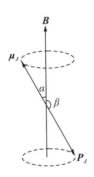

图 1-1　角动量的旋进

把式(1-1)代入上式，且 α 与 β 互补，即得

$$\Delta E = g \frac{e}{2m} P_J B \cos\beta \tag{1-3}$$

由于 μ_J 和 P_J 在磁场中是量子化的，P_J 在磁场方向的分量只能是 $h/(2\pi)$ 的整数倍，即

$$P_J B \cos\beta = M \frac{h}{2\pi} \tag{1-4}$$

式中，M 称为磁量子数，$M=J$，$(J-1)$，$\cdots$，$-J$ 共有 $2J+1$ 个值。把式(1-4)代入式(1-3)得

$$\Delta E = Mg \frac{eh}{4\pi m} B \tag{1-5}$$

式中，$\dfrac{he}{4\pi m}$ 称为玻尔磁子。这样，无外磁场时的一个能级，在外磁场作用下将分裂成 $2J+1$ 能级，每个子能级附加的能量由式(1-5)决定，它正比于外磁场 B 和朗德 g 因子。

3. 塞曼能级跃迁选择定则

在未加磁场时，对应于能级 E_2 和 E_1 之间的跃迁，光谱线的频率 ν 应满足下式

$$\nu = \frac{1}{h}(E_2 - E_1)$$

在外磁场作用下，上、下能级分别分裂为 $2J_2 + 1$ 和 $2J_1 + 1$ 个子能级，附加能量分别为 ΔE_2 和 ΔE_1，新的谱线频率为

$$\nu' = \frac{1}{h}(E_2 + \Delta E_2) - \frac{1}{h}(E_1 + \Delta E_1)$$

分裂后的谱线与原谱线的频率差为

$$\Delta \nu = \nu' - \nu = \frac{1}{h}(\Delta E_2 - \Delta E_1) = (M_2 g_2 - M_1 g_1)\frac{e}{4\pi m}B$$

以波数表示为

$$\Delta \bar{\nu} = (M_2 g_2 - M_1 g_1)L \tag{1-6}$$

式中，$L = \dfrac{e}{4\pi mc}B = 0.467B$，称为洛仑兹单位。若 B 的单位为 T(特斯拉)，则 L 的单位为 cm^{-1}。L 的值恰为正常塞曼效应所分裂的裂距。

在上、下能级间的跃迁中须满足以下选择定则：

$$\Delta M = M_2 - M_1 = 0, \pm 1$$

(1) 当 $\Delta M = 0$ 时，利用偏振片可以看到振动方向平行于磁场的线偏振光，称为 π 线，沿平行于磁场方向观察时，光强为零。

(2) 当 $\Delta M \neq 1$ 时，利用偏振片垂直于磁场方向观察，可看到振动方向垂直于磁场的线偏振光，称为 σ 线。

(3) 平行于磁场方向观察时，σ 线呈圆偏振光，圆偏振光的转向依赖于 ΔM 的正负号。$\Delta M = +1$，磁场指向观察者时，偏振转向是沿逆时针旋转，为左旋圆偏振光，利用偏振片和 λ/4 玻晶片可以观察到。$\Delta M = -1$ 时，偏振转向是沿顺时针旋转，为右旋圆偏振光。

4. Hg546.1 nm 谱线的塞曼分裂

本实验是以 Hg 放电管为光源，经滤色后观察 546.1 nm 谱线的塞曼分裂。该谱线是汞原子 6S7S^{3}S$_1$ 到 6S6P^{3}P$_2$ 能级跃迁时产生的，在磁场作用下，能级分裂如图 1-2(a)所示。

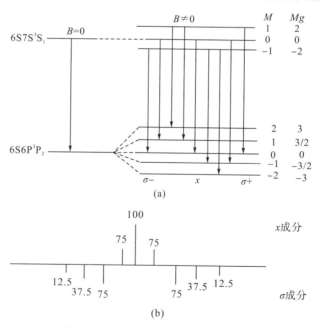

图 1-2 Hg546.1 nm 谱线的塞曼分裂

可见，在磁场作用下，Hg 光谱(546.1 nm)一条谱线在磁场中分裂成 9 条谱线，相邻两条间距为 $\frac{1}{2}L$。垂直于磁场观察，中间 3 条谱线为 π 成分，两边各 3 条谱线为 σ 成分；沿着磁场方向观察，这时 π 成分不出现，对应的 6 条 σ 线分别为右旋圆偏振光和左旋圆偏振光，图 1-2(b)中的数值为谱线的强度。若设原谱线的强度为 100，则其他各条谱线的相对强度的数值如图 1-2(b)所示。对于 $J \rightarrow J+1$ 的跃迁，它依据弱磁场中塞曼效应的强度定则公式：

$$M_J \rightarrow M_J \pm 1, I = B(J \pm M_J \pm 1)(J \pm M_J \pm 2)$$
$$M_J \rightarrow M_J, I = 4B(J + M_J + 1)(J - M_J + 1)$$

计算得出。上式中的 B 在最后计算相对强度时自然消去。

5. F-P(法布里-珀罗)标准具

1) F-P 标准具概述

塞曼分裂的波长差是很小的，以正常塞曼效应为例，当磁场 $B=1$ T 时，波长 λ 为 500.0 nm 的谱线，分裂谱线的波长差只有 0.01 nm，要观察到如此小的波长差，用一般棱镜摄谱仪是不可能的，需要采用高分辨率的仪器，如法布里-珀罗(F-P)标准具。

F-P 标准具是由平行放置的两块平面玻璃或石英板组成，在两板相对的平面上镀有银膜或其他有较高反射率(90%)的薄膜，为消除两平板背面反射光的干涉，每块板都做成楔形，两个平行的镀银平面中间夹有一个间隔圈，用热膨胀系数很小的石英加工成一定厚度，用以保证两块平面玻璃之间固定的间距，玻璃上带有三个螺丝，可调节两玻璃板内表面之间精确的平行度。

标准具的光路图如图 1-3 所示，自扩展光源 S 上任一点发出的单色光，射到标准具板的平行平面上，经过 M_1 和 M_2 表面的多次反射和透射，分别形成一系列相互平行的反射光束 1,2,3,4,… 和透射光束 1′,2′,3′,4′,…。在透射的诸光束中，相邻两光束的光程差为 $2nd\cos\theta$，这一系列平行并有一定光程差的光束在无穷远处或透镜的焦平面上发生干涉，标准具在空气中使用时取 $n=1$。当光程差为波长的整数倍时产生亮纹。

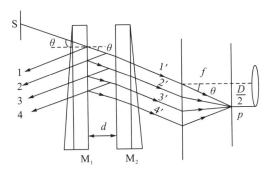

图 1-3 标准具光路

$$2d\cos\theta = K\lambda \tag{1-7}$$

式中，K 为干涉条纹级次，取整数。

由于标准具的间隔 d 是固定的，在波长 λ 不变的条件下，不同的干涉级对应不同的入射角 θ。因此，在使用扩展光源时，F-P 标准具将产生等倾干涉，其干涉条纹是一组同心圆环，中心处 $\theta = 0$，$\cos\theta = 1$，级次最大，$K_{\max} = \dfrac{2d}{\lambda}$，向外不同直径的同心圆环亮环依次为 K，$K-1$，$\cdots$，如图 1-4 所示。

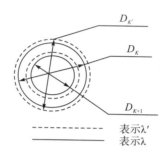

图 1-4　干涉圆环

2) 标准具的色散范围

设入射光波长发生了微小的变化，波长分别为 λ_1 和 λ_2，假设 $\lambda_2 > \lambda_1$，当入射到标准具时，根据式 (1-7)，对于同一干涉级次 K，不同波长 λ_1 和 λ_2 的光分别对应不同的入射角 θ_1 和 θ_2，并且 $\theta_1 > \theta_2$，产生两同心圆环，波长较长的干涉环在里圈，波长较短的干涉环在外圈，即 λ_1 的各级圆环套在 λ_2 的相应各级圆环上。如果 λ_1 和 λ_2 之间的波长差逐渐加大，使得 λ_1 的 K 级亮纹与 λ_2 的 $K-1$ 级亮纹重叠，有

$$K\lambda_1 = (K-1)\lambda_2 \tag{1-8}$$

则

$$\Delta\lambda = \lambda_2 - \lambda_1 = \frac{\lambda_2}{K}$$

在 F-P 标准具中，当 θ 角较小时，$\cos\theta = 1$，由式 (1-7) 有

$$K = \frac{2d}{\lambda}$$

故

$$\lambda_2 - \lambda_1 = \frac{\lambda_2\lambda_1}{2d}$$

实际上，可以认为 $\lambda_1\lambda_2 = \lambda^2$，略去脚标，得到标准具的色散范围

$$\Delta\lambda = \frac{\lambda^2}{2d} \tag{1-9}$$

式 (1-9) 是色散范围的定义，它表征了标准具所允许的不同波长的干涉花样不重叠的最大波长差。

3) 用标准具测量并计算谱线微小波长差

应用 F-P 标准具测量各分裂谱线的波长或波长差是通过测量干涉环的直径来实现的，如图 1-4 所示，用透镜把 F-P 标准具的干涉圆环成像在焦平面上，则出射角为 θ 的圆环，其直径 D 与透镜焦距 f 间的关系为

$$D/2 = f \cdot \tan\theta$$

对于中心附近的圆环，θ 角很小，则 $\tan\theta \approx \sin\theta \approx \theta$，$\cos\theta \approx 1 - \dfrac{\theta^2}{2}$，所以

$$D = 2f\theta \tag{1-10}$$

$$2d\cos\theta \approx 2d\left(1 - \frac{\theta^2}{2}\right) = K\lambda \tag{1-11}$$

由式 (1-10) 和式 (1-11) 可得

$$2d\left(1 - \frac{D^2}{8f^2}\right) = K\lambda \tag{1-12}$$

根据式 (1-12)，对于同一级次 K，而不同波长 λ 和 λ' 的光，有

$$\begin{cases} 2d\left(1 - \dfrac{D_K^{\,2}}{8f^2}\right) = K\lambda \\ 2d\left(1 - \dfrac{D_{K'}^{\,2}}{8f^2}\right) = K\lambda' \end{cases}$$

式中，D_K 是波长为 λ 的 K 级圆环直径，$D_{K'}$ 是波长为 λ' 的 K 级圆环直径。两式相减有

$$\Delta\lambda = \lambda - \lambda' = \frac{d}{4f^2 K}(D_{K'}^{\,2} - D_K^{\,2}) \tag{1-13}$$

将式 (1-12) 应用于单一波长 λ 的相邻两级次 K 和 $K+1$ 有

$$\begin{cases} 2d\left(1 - \dfrac{D_{K+1}^2}{8f^2}\right) = (K+1)\lambda \\ 2d\left(1 - \dfrac{D_K^2}{8f^2}\right) = K\lambda \end{cases}$$

两式相减得

$$D_K^2 - D_{K+1}^2 = \frac{4f^2\lambda}{d} \tag{1-14}$$

式 (1-14) 表明，对于确定的 d 和 f，对同一波长为 λ 的光，相邻级次圆环直径的平方差为一常数。将式 (1-14) 代入式 (1-13) 有

$$\Delta\lambda = \frac{(D_{K'}^2 - D_K^2)}{(D_K^2 - D_{K+1}^2)} \cdot \frac{\lambda^2}{2d} \tag{1-15}$$

用式 (1-8) 的推导，消去 K 可近似地得到下列关系

$$\Delta\lambda = \frac{(D_{K'}^2 - D_K^2)}{(D_K^2 - D_{K+1}^2)} \cdot \frac{\lambda}{K} \tag{1-16}$$

可见，对已知的 d 和 f，通过测量各圆环的直径，便可以得出波长差。

4) 电子荷质比的测定

根据式(1-6)，将其换算为波长差，则有

$$\Delta\lambda = (M_2 g_2 - M_1 g_1)\frac{\lambda^2 eB}{4\pi mc}$$

与式(1-15)比较有

$$\frac{e}{m} = \frac{2\pi c}{dB}\left(\frac{D_{K'}^2 - D_K^2}{D_K^2 - D_{K+1}^2}\right)\frac{1}{M_2 g_2 - M_1 g_1}$$

对于汞的 546.1 nm 谱线，相邻裂距为 $\frac{1}{2}L$，即

$$M_2 g_2 - M_1 g_1 = \frac{1}{2}$$

因此，

$$\frac{e}{m} = \frac{4\pi c}{dB}\left(\frac{D_{K'}^2 - D_K^2}{D_K^2 - D_{K+1}^2}\right) \tag{1-17}$$

已知 d 和 B，从塞曼分裂的底片测出各圆环直径就可以计算 e/m 的值。

【实验仪器】

电脑、电源、电磁铁、F-P 标准具、透镜、偏振片、干涉滤光片、CCD、导轨。

【实验装置及光路的调整】

实验装置图如图 1-5 所示，由电源、电磁铁、透镜、F-P 标准具、干涉滤光片、CCD、导轨等组成。该实验采用 2 mm 间隔的 F-P 标准具，并用滤光片将汞灯光谱中 546.1 nm 的谱线选出，在磁场中进行塞曼分裂，再用 CCD 摄像装置进行记录，分裂后的光谱线经 F-P 标准具多光束干涉，形成明锐的干涉圆环传送到计算机中，采用智能软件进行处理，整套仪器如图 1-5 所示。

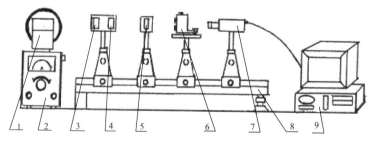

1. 电磁铁；2. 电源；3. 透镜；4. 偏振片；5. 干涉滤光片；

6. F-P 标准具；7. CCD；8. 导轨；9. 电脑

图 1-5　实验光路图

【实验内容】

1. 调节光路

(1) 按图1-5所示放置好光学元件,调节光路同轴,使得汞灯发出的光经滤光片后546.1 nm光(绿光)通过透镜,让入射于 F-P 标准具的光束近于平行光,标准具产生的干涉图像由CCD摄像头记录,将图案呈现于微机屏幕,以便观察测量。

(2) 调节 F-P 标准具,标准具两玻璃片内表面平行调节是实验的关键,只有把平行度调好了,才能看到亮且细的高对比度的干涉环图像,如图1-6(a)所示。调节方法是依次调节标准具上三只调节螺丝,直到上下摆动头观察时看不到圆环的直径扩大或缩小为止。

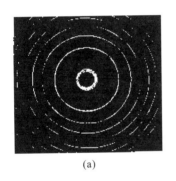 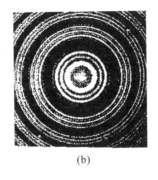 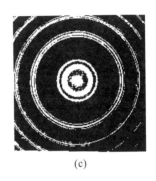

(a)　　　　　　　　　　(b)　　　　　　　　　　(c)

图1-6　汞 546.1 nm 谱线分裂图

2. 定性观察

在外磁场作用下,使 546.1 nm 谱线分裂为 9 条谱线,如图 1-6(b)所示,虽然看到 9 条干涉环,但是这些干涉环相互叠合不易测量,为此,可用偏振片将 σ 成分的 6 条干涉环滤去,只让 π 成分的 3 条留下,如图 1-6(c)所示。

3. 电子荷质比 e/m 的测量

本实验测量方法和数据处理均由智能软件处理,见 WPZ-III型塞曼效应仪使用手册。

【数据处理】

(1) 已知:$\dfrac{e}{m_e}_{标准值} = 1.77 \times 10^{11} \mathrm{C/kg}$。

(2) 特斯拉计测得 B。

(3) 打印出实验数据及结果。

(4) 计算电子荷质比实验值与标准值的百分误差。

【思考题】

1. 调整 F-P 标准具时，如何判别标准具两个内表面是平行的？若不平行应当如何调节？标准具调整不好会产生怎样的后果？

2. 实验中影响荷质比测量精确度的因素有哪些？

3. 塞曼当时的荷质比实验所用的凹面光栅和磁铁(分别为美国物理学家罗兰和鲁姆科夫制造)算是当时分辨率最高的光谱仪，观察钠盐在氢氧焰中钠的两根谱线 5896 Å 和 5890 Å，假设相邻谱线裂距为 1 洛仑兹单位，$B=1$ T，试求相邻谱线波长差是多少？

【参考文献】

褚圣麟，1979. 原子物理学[M]. 北京：高等教育出版社.

高铁军，孟祥省，王书运，2009. 近代物理实验[M]. 北京：科学出版社.

吴华，1992. 大学近代物理实验[M]. 合肥：中国科学技术大学出版社.

周孝安，1998. 近代物理实验教程[M]. 武汉：武汉大学出版社.

实验 2 光电效应法测量普朗克常数

【引言】

光电效应是指一定频率的光照射在金属表面时会有电子从金属表面逸出的现象。光电效应实验对于认识光的本质及早期量子理论的发展，具有里程碑式的意义。

自古以来，人们就试图解释光是什么，到 17 世纪，研究光的反射、折射、成像等规律的几何光学基本确立。牛顿等在研究几何光学现象的同时，根据光的直线传播性，认为光是一种微粒流，微粒从光源飞出来，在均匀物质内以力学规律做匀速直线运动。微粒流学说很自然地解释了光的直线传播等性质，在 17、18 世纪的学术界占有主导地位，但在解释牛顿环等光的干涉现象时遇到了困难。

惠更斯等在 17 世纪就提出了光的波动学说，认为光是以波的方式产生和传播的，但早期的波动理论缺乏数学基础，很不完善，没有得到重视。19 世纪初，托马斯·杨发展了惠更斯的波动理论，成功地解释了干涉现象，并提出了著名的杨氏双缝干涉实验，为波动学说提供了很好的证据。1818 年，年仅 30 岁的菲涅耳在法国科学院关于光的衍射问题的一次悬奖征文活动中，从光是横波的观点出发，圆满地解释了光的偏振，并以严密的数学推理，定量地计算了光通过圆孔、圆板等形状的障碍物所产生的衍射花纹，推出的结果与实验符合得很好，使评奖委员会大为叹服，他也因此荣获了这一届的科学奖，波动学说逐步为人们所接受。1856～1865 年，麦克斯韦建立了电磁场理论，指出光是一种电磁波，从此光的波动理论得到确立。

19 世纪末，物理学已经有了相当的发展，在力、热、电、光等领域，都已经建立了完整的理论体系，在应用上也取得了巨大成果。当物理学家普遍认为物理学发展已经到顶时，在实验方面陆续出现了一系列重大发现，揭开了现代物理学革命的序幕，光电效应实验在其中起到重要的作用。

1887 年赫兹在用两套电极做电磁波的发射与接收的实验中，发现当紫外光照射到接收电极的负极时，接收电极间更易于产生放电。赫兹的发现吸引了许多人去做这方面的研究工作。斯托列托夫发现负电极在光的照射下会放出带负电的粒子，形成光电流，光电流的大小与入射光强度成正比，光电流实际是在照射开始时立即产生，无须时间上的积累。1899 年，汤姆孙测定了光电流的荷质比，证明光电流是阴极在光照射下发射出的电子流。赫兹的助手莱纳德从 1889 年就从事光电效应的研究工作，1900 年，他用在阴阳极间加反向电压的方法研究电子逸出金属表面的最大速度，发现光源和阴极材料都对截止电压有影响，但光的强度对截止电压无影响，电子逸出金属表面的最大速度与光强无关，这是一个新发现，他也因在这方面的工作获得 1905 年的诺贝尔物理学奖。

光电效应的实验规律与经典的电磁理论是矛盾的,按经典理论,电磁波的能量是连续的,电子接收光的能量获得动能,应该是光越强,能量越大,电子的初速度越大,而实验结果是电子的初速度与光强无关。按经典理论,只要有足够的光强和照射时间,电子就应该获得足够的能量逸出金属表面,与光波频率无关,但实验事实是对于一定的金属,当光波频率高于某一值时,金属一经照射,立即有光电子产生;当光波频率低于该值时,无论光强多强,照射时间多长,都不会有光电子产生。光电效应使经典的电磁理论陷入困境,包括莱纳德在内的许多物理学家提出了种种假设,企图在不违反经典理论的前提下,对上述实验事实做出解释,但都过于牵强,经不起推理和实践的检验。

1900 年,普朗克在研究黑体辐射问题时,先提出了一个符合实验结果的经验公式,为了从理论上推导出这一公式,他采用了玻尔兹曼的统计方法,假定黑体内的能量是由不连续的能量子构成,能量子的能量为 $h\nu$。能量子的假说是一个革命性的突破,具有划时代的意义。但无论是普朗克本人还是他的许多同时代人,当时对这一点都没有充分认识。爱因斯坦以他惊人的洞察力,最先认识到量子假说的伟大意义并予以发展。1905 年,其在著名论文《关于光的产生和转化的一个试探性观点》中写道:"在我看来,如果假定光的能量在空间的分布是不连续的,就可以更好地理解黑体辐射、光致发光、光电效应以及其他有关光的产生和转化现象的各种观察结果。根据这一假设,从光源发射出来的光能在传播中将不是连续分布在越来越大的空间之中,而是由一个数目有限的局限于空间各点的光量子组成,这些光量子在运动中不再分散,只能整个地被吸收或产生。"作为例证,爱因斯坦由光子假设得出了著名的光电效应方程,解释了光电效应的实验结果。

爱因斯坦的光量子理论由于与经典电磁理论相抵触,一开始受到怀疑和冷遇。一方面是因为人们受传统观念的束缚,另一方面是因为当时光电效应的实验精度不高,无法验证光电效应方程。密立根从 1904 年开始进行光电效应实验,历经十年,用实验证实了爱因斯坦的光量子理论。两位物理大师因在光电效应等方面的杰出贡献,分别于 1921 年和 1923 年获得诺贝尔物理学奖。密立根在 1923 年的领奖演说中,这样谈到自己的工作:"经过十年之久的实验、改进和学习,有时甚至还遇到挫折,在这以后,我努力研究光电子发射能量的精密测量,测量它随温度、波长、材料改变的函数关系。与我自己预料的相反,这项工作终于在 1914 年成了爱因斯坦方程在很小的实验误差范围内精确有效的第一次直接实验证据,并且第一次直接从光电效应测定普朗克常数 h。"爱因斯坦这样评价密立根的工作:"我感激密立根关于光电效应的研究,它第一次判决性地证明了在光的影响下电子从固体发射与光的频率有关,这一量子论的结果是辐射的量子结构所特有的性质。"

光量子理论创立后,在固体比热、辐射理论、原子光谱等方面都获得了成功,人们逐步认识到光具有波动和粒子二象属性。光子的能量($E=h\nu$)与频率有关,当光传播时,显示出光的波动性,产生干涉、衍射、偏振等现象;当光和物体发生作用时,它的粒子性又突显了出来。后来科学家发现波粒二象性是一切微观物体的固有属性,并发展了量子力学来描述和解释微观物体的运动规律,使人们对客观世界的认识前进了一大步。

作为第一个在历史上测得普朗克常数的物理实验，光电效应的意义是不言而喻的。而今光电效应已经广泛地应用于各科技领域，利用光电效应制成的光电器件(如光电管、光电池、光电倍增管等)已成为生产和科研中不可缺少的器件。

普朗克常数的测量方法有光电效应法、X 射线连续谱短波限法、电子衍射法等。光电效应法测普朗克常数的优点是实验原理及实验装置简单，数据处理容易，因此，是近代物理实验中常用的测量方法，但由于存在暗电流等因素的影响，难于精确地测量截止电压，系统误差较大。

【实验目的】

(1)了解光电效应的规律，加深对光的量子性的理解。
(2)找出不同光频率下的截止电压，测量普朗克常数 h。

【实验原理】

1. 光电效应法测量原理

如图 2-1 所示，用合适频率的光照射在某些金属表面上时，会有电子从金属表面逸出，这种现象叫作光电效应，从金属表面逸出的电子叫光电子。为了解释光电效应现象，爱因斯坦提出了"光量子"的概念，认为对于频率为 ν 的光波，每个光子的能量为 $E = h\nu$，式中，h 为普朗克常数，它的公认值是 $h = 6.626 \times 10^{-34} \text{J} \cdot \text{s}$。

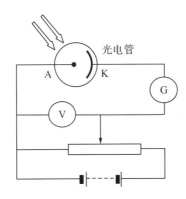

图 2-1　光电效应原理图

按照爱因斯坦的理论，光电效应的实质是当光子和电子相碰撞时，光子把全部能量传递给电子，电子所获得的能量，一部分用来克服金属表面对它的约束，另一部分则成为该光电子逸出金属表面后的动能。按照能量守恒原理，爱因斯坦提出了著名的光电方程：

$$hv = \frac{1}{2}mv_0^2 + W \tag{2-1}$$

式中，v 为入射光的频率；m 为电子的质量；v_0 为光电子逸出金属表面的初速度；W 为被光线照射的金属材料的逸出功；$\frac{1}{2}mv_0^2$ 为从金属逸出的光电子的最大初动能。爱因斯坦的光量子理论成功地解释了光电效应规律。

由式(2-1)可见，入射到金属表面的光频率越高，逸出的电子动能越大，所以即使阳极电位比阴极电位低时也会有电子落入阳极形成光电流，直至阳极电位低于截止电压，光电流才为零，此时有关系：

$$eU_0 = \frac{1}{2}mv_0^2 \tag{2-2}$$

阳极电位高于截止电压后，随着阳极电位的升高，阳极对阴极发射的电子的收集作用增强，光电流随之上升；当阳极电压高到一定程度，已把阴极发射的光电子几乎全收集到阳极，再增加外加电压 U_{AK} 时，光电流 I 不再变化，光电流出现饱和，饱和光电流 I_M 的大小与入射光的强度 P 成正比。

光子的能量 $hv_0 < W$ 时，电子不能脱离金属，因而没有光电流产生。产生光电效应的最低频率(截止频率)是 $v_0 = W/h$。

将式(2-2)代入式(2-1)可得

$$eU_0 = hv - W \tag{2-3}$$

此式表明截止电压 U_0 是频率 v 的线性函数，直线斜率 $k = h/e$，只要用实验方法得出不同的频率对应的截止电压，求出直线斜率，就可算出普朗克常数 h，如图 2-2 所示。

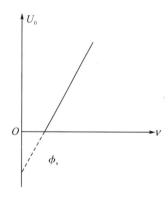

图 2-2　截止电压 U_0 与入射光频率 v 关系图

2. 伏安特性测量原理

对于某一频率，光电效应的 I-U_{AK} 关系如图 2-3 所示。正如前文所述，对一定的频率，存在截止电压 U_0，当 $U_{AK} \leqslant U_0$ 时，电流为零，也就是这个负电压产生的电势能完全抵消了由于吸收光子而从金属表面逸出的电子的动能；当 $U_{AK} \geqslant U_0$ 后，电势能不足以抵消逸出电子的动能，从而导致组件产生电流 I。I 迅速增加，然后趋于饱和，饱和光电流 I_M 的大小与入射光的强度 P 成正比。

对于不同频率的光，由于它们的光子能量不同，赋予逸出电子的动能不同。显然，频率越高的光子，其产生逸出电子的能量也越高，所以截止电压的值也越高，如图 2-4 所示。

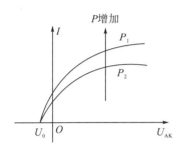 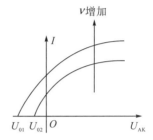

图 2-3　同一频率、不同光强时光电管的伏安特性曲线　　图 2-4　不同频率时光电管的伏安特性曲线

爱因斯坦方程是在同种金属做阴极和阳极，且阳极很小的理想状态下导出的。实际上做阴极的金属逸出功比做阳极的金属逸出功小，所以实验中存在着如下问题：

(1)暗电流和本底电流。当光电管阴极没有受到光线照射时也会产生电子流，称为暗电流。它是由电子的热运动和光电管管壳漏电等原因造成的。室内各种漫反射光射入光电管造成的光电流称为本底电流。暗电流和本底电流随着 K、A 之间电压大小变化而变化。

(2)阳极电流(反向电流)。制作光电管阴极时，阳极上也会被溅射有阴极材料，所以光入射到阳极上或由阴极反射到阳极上时，阳极上也有光电子发射，就形成了阳极电流。由于它们的存在，使得 I-U 曲线较理论曲线下移，如图 2-5 所示。

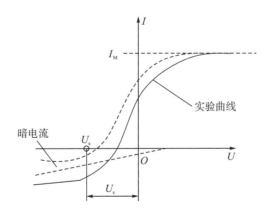

图 2-5　I-U 实验曲线

【实验仪器与装置】

1. 实验仪器

光电效应实验仪、汞灯及电源、光电管、滤色片(五个)、光阑(三个)。

2. 实验装置

完整的实验装置构成如图 2-6 所示,其中实验仪面板如图 2-7 所示。

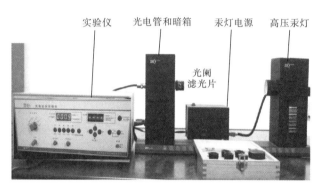

图 2-6　实验装置图

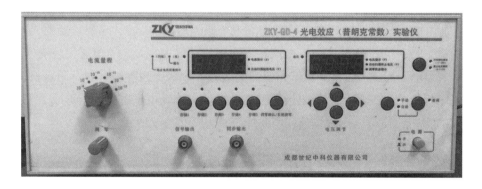

图 2-7　实验仪面板图

实验仪有手动和自动两种工作模式,具有数据自动采集、存储、实时显示采集数据、动态显示采集曲线(连接普通示波器,可同时显示 5 个存储区中存储的曲线)及采集完成后查询数据的功能。

【实验内容及操作】

1. 测试前准备

(1)实验建议环境温度为 15~30℃,湿度小于 90%。测试前测试仪和汞灯都需要接电,预热 20 分钟。

(2) 将汞灯暗盒光输出口对准光电管暗盒光输入口,调整光电管与汞灯距离为约 40 cm 并保持不变。

(3) 用专用连接线将光电管暗盒电压输入端与测试仪电压输出端(后面板上)连接起来 (红—红,蓝—蓝)。

(4) 调零:将"电流量程"选择开关置于所选挡位,仪器在充分预热后,进行测试前调零。实验仪在开机或改变电流量程后,都会自动进入调零状态。旋转"调零"旋钮使电流指示为"+""−"零转换点处。调节好后,用高频匹配电缆将光电管暗盒电流输出端和实验仪的微电流输入端连接起来,按"调零确认/系统清零"键,系统进入测试状态。

若要动态显示采集曲线,需将实验仪的"信号输出"端口接至示波器的"Y"输入端,"同步输出"端口接至示波器的"外触发"输入端。示波器"触发源"开关拨至"外","Y 衰减"旋钮拨至约"1 V/格","扫描时间"旋钮拨至约"20μs/格"。此时示波器将用轮流扫描的方式显示 5 个存储区中存储的曲线,横轴代表电压 U_{AK},纵轴代表电流 I。

2. 测普朗克常数 h

1) 问题讨论

理论上,测出各频率的光照射下阴极电流为零时对应的 U_{AK},其绝对值即该频率的截止电压,然而实际上由于光电管的阳极反向电流、暗电流、本底电流及极间接触电位差的影响,实测电流并非阴极电流,实测电流为零时对应的 U_{AK} 也并非截止电压。

光电管制作过程中阳极往往被污染,沾上少许阴极材料,入射光照射阳极或入射光从阴极反射到阳极之后都会造成阳极光电子发射,U_{AK} 为负值时,阳极发射的电子向阴极迁移构成了阳极反向电流。

暗电流和本底电流是热激发产生的光电流与杂散光照射光电管产生的光电流,可以在光电管制作或测量过程中采取适当措施以减小或消除它们的影响。

极间接触电位差与入射光频率无关,只影响 U_0 的准确性,不影响 $U_0 - \nu$ 直线斜率,对测定 h 无影响。

本实验仪器的电流放大器灵敏度高,稳定性好;光电管阳极反向电流,暗电流水平也较低。在测量各谱线的截止电压 U_0 时,可采用零电流法,即直接将各谱线照射下测得的电流为零时对应的电压 U_{AK} 的绝对值作为截止电压 U_0。此法的前提是阳极反向电流、暗电流和本底电流都很小,用零电流法测得的截止电压与真实值相差较小。且各谱线的截止电压都相差 ΔU,对 $U_0 - \nu$ 曲线的斜率无大的影响,因此对 h 的测量不会产生大的影响。

2) 测量

测量截止电压时,"伏安特性测试/截止电压测试"状态键应为截止电压测试状态。"电流量程"开关应处于 10^{-13} A 挡。

(1)手动测量。

①使"手动/自动"模式键处于手动模式。

②将直径 4 mm 的光阑及 365.0 nm 的滤色片装在光电管暗盒光输入口上,打开汞灯遮光盖。

③此时电压表显示 U_{AK} 的值,单位为伏;电流表显示与 U_{AK} 对应的电流值 I,单位为所选择的"电流量程"。用电压调节键→、←、↑、↓可调节 U_{AK} 的值,→、←键用于选择调节位,↑、↓键用于调节值的大小。

④从低到高调节电压(绝对值减小),观察电流值的变化,寻找电流为零时(电流指示为"+""−"零转换点处)对应的 U_{AK},以其绝对值作为该波长对应的 U_0 的值,并将数据记于表 2-1 中。为尽快找到 U_0 的值,调节时应从高位到低位,先确定高位的值,再顺次往低位调节。

⑤依次换上 404.7 nm、435.8 nm、546.1 nm、577.0 nm 的滤色片,重复以上测量步骤。

(2)自动测量。

①按"手动/自动"模式键切换到自动模式。

②此时电流表左边的指示灯闪烁,表示系统处于自动测量扫描范围设置状态,用电压调节键可设置扫描起始和终止电压。

③对各条谱线,我们建议扫描范围大致设置为:365.0 nm,−1.90~−1.50 V;404.7 nm,−1.60~−1.20 V;435.8 nm,−1.35~−0.95 V;546.1 nm,−0.80~−0.40 V;577.0 nm,−0.65~−0.25 V。

④实验仪设有 5 个数据存储区,每个存储区可存储 500 组数据,并有指示灯表示其状态。灯亮表示该存储区已存有数据,灯不亮为空存储区,灯闪烁表示系统预选的或正在存储数据的存储区。

⑤设置好扫描起始和终止电压后,按动相应的存储区按键,仪器将先清除存储区原有数据,等待约 30 秒,然后按 4 mV 的步长自动扫描,并显示、存储相应的电压、电流值。

⑥扫描完成后,仪器自动进入数据查询状态,此时查询指示灯亮,显示区显示扫描起始电压和相应的电流值。用电压调节键改变电压值,就可查阅到在测试过程中,扫描电压为当前显示值时相应的电流值。读取电流为零时(电流指示为"+""−"零转换点处)对应的 U_{AK},以其绝对值作为该波长对应的 U_0 的值,并将数据记于表 2-1 中。

⑦按"查询"键,查询指示灯灭,系统恢复到扫描范围设置状态,可进行下一次测量。

在自动测量过程中或测量完成后,按"手动/自动"键,系统恢复到手动测量模式,模式转换前工作的存储区内的数据将被清除。

若仪器与示波器连接,则可观察到 U_{AK} 为负值时各谱线在选定的扫描范围内的伏安特性曲线。

表 2-1 U_0-ν 关系

光阑孔 $\Phi=$　mm

波长 λ_i/nm		365.0	404.7	435.8	546.1	577.0
频率 ν_i/($\times 10^{14}$ Hz)		8.214	7.408	6.879	5.490	5.196
截止电压 U_{0i}/V	手动					
	自动					

3) 数据处理

由表 2-1 的实验数据,得出 U_0-ν 直线的斜率 k,即可用 $h=ek$ 求出普朗克常数,并与 h 的公认值 h_0 比较,求出相对误差 $E=\dfrac{h-h_0}{h_0}$,式中 $e=1.602\times10^{-19}\,\mathrm{C}$,$h_0=6.626\times10^{-34}\,\mathrm{J\cdot s}$。

3. 测量光电管的伏安特性曲线

"伏安特性测试/截止电压测试"状态键应为伏安特性测试状态,"电流量程"开关应拨至 10^{-10} A 挡,并重新调零。

将直径 4 mm 的光阑及所选谱线的滤色片装在光电管暗盒光输入口上。

测伏安特性曲线可选用"手动/自动"两种模式之一,测量的范围为-1～50 V,自动测量时步长为 1 V,仪器功能及使用方法如前所述。

(1) 可同时观察不同谱线在同一光阑、同一距离下的伏安饱和特性曲线。

(2) 可同时观察某条谱线在不同距离(即不同光强)、同一光阑下的伏安饱和特性曲线。

(3) 可同时观察某条谱线在不同光阑(即不同光通量)、同一距离下的伏安饱和特性曲线。

由此可验证光电管饱和光电流与入射光成正比。

将所测 U_{AK} 及 I 的数据记录到表 2-2 中,在坐标纸上绘出对应于以上波长及光强的伏安特性曲线。

在 U_{AK} 为 50 V 时,将仪器设置为手动模式,测量并记录在同一谱线、同一入射距离,光阑分别为 2 mm、4 mm、8 mm 时对应的电流值(表 2-3),验证光电管的饱和光电流与入射光强成正比。

也可在 U_{AK} 为 50 V 时,将仪器设置为手动模式,测量并记录在同一谱线、同一光阑时,光电管与入射光在不同距离,如 300 mm、400 mm 等对应的电流值(表 2-4),同样验证光电管的饱和电流与入射光强成正比。

表 2-2 I-U_{AK} 关系

$L=$　mm; $\Phi=$　mm

435.8 nm 光阑 2 mm	U_{AK}/V								
	I/($\times 10^{-11}$ A)								
546.1 nm 光阑 4 mm	U_{AK}/V								
	I/($\times 10^{-11}$ A)								

表 2-3　I_M-P 关系

				$U_{AK} =$ 　V; $L=$ 　mm
435.8 nm	光阑孔 Φ			
	$I/(\times 10^{-10} \text{ A})$			
546.1 nm	光阑孔 Φ			
	$I/(\times 10^{-10} \text{ A})$			

表 2-4　I_M-P 关系

				$U_{AK} =$ 　V；$\Phi=$ 　mm
435.8 nm	入射距离 L			
	$I/(\times 10^{-10} \text{ A})$			
546.1 nm	入射距离 L			
	$I/(\times 10^{-10} \text{ A})$			

【注意事项】

在仪器的使用过程中,汞灯不宜直接照射光电管,也不宜长时间连续照射加有光阑和滤光片的光电管,否则将减少光电管的使用寿命。实验完成后,请用光电管暗盒盖将光电管暗盒入射光口遮住存放。

【思考题】

1. 光电管为什么要装在暗盒中?为什么在非测量时,用遮光罩罩住光电管窗口?
2. 为什么当反向电压加到一定值后,光电流会出现负值?
3. 入射光的强度对光电流的大小有何影响?

【参考文献】

成都世纪中科仪器有限公司.光电效应(普朗克常数)实验仪指导及操作说明书.

冯文林,杨晓占,魏强,2015. 近代物理实验教程[M]. 重庆:重庆大学出版社.

李治学,2007. 近代物理实验[M]. 北京:科学出版社.

实验3 原子力显微镜的使用

【引言】

1986 年，IBM 公司成功研制了世界上第一台原子力显微镜(atomic force microscope，AFM)，克服了扫描隧道显微镜(scanning tunneling microscope，STM)只能测试电子性导体和半导体材料的不足。AFM 测试的原理是利用针尖原子与表面原子之间微弱的相互作用力(原子力)来分析样品的表面形貌信息，且不产生隧道电流。因此，AFM 能够观测除导电样品外的非导电样品的表面结构，极大地拓宽了应用范围。此外，AFM 可以在真空、大气甚至液体中操作，既可以检测液体、半导体表面，也可以检测绝缘体表面。目前，AFM 在物理学、化学、材料科学、生物学等基础科学领域有着广泛的应用。

【实验目的】

(1)学习和了解原子力显微镜的结构和基本原理。
(2)掌握原子力显微镜的操作和调试过程。
(3)学会正确使用原子力显微镜观测 Cu 薄膜的微观结构。

【实验原理】

1. AFM 的结构及工作原理

如图 3-1 所示，原子力显微镜的工作原理是将探针装在一弹性微悬臂的一端，微悬臂的另一端固定，当探针在样品表面扫描时，探针与样品表面原子间的排斥力会使得微悬臂轻微变形，这样，微悬臂的轻微变形就可以作为探针和样品间排斥力的直接量度。一束激光经微悬臂的背面反射到光电检测器，可以精确测量微悬臂的微小变形，这样就实现了通过检测样品与探针之间的原子排斥力来反映样品表面形貌和其他表面结构。

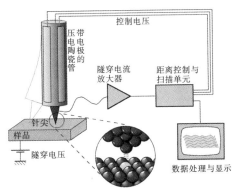

图 3-1　AFM 的工作原理示意图(布鲁克公司)

原子力显微镜系统可分为三个部分：力检测部分、位置检测部分和反馈系统。

(1)力检测部分。在原子力显微镜系统中，所要检测的力是探针原子与样品表面原子间的范德华力。使用微悬臂的形变量来检测原子之间的作用力变化。如图 3-2 所示，微悬臂通常由一个长 100~500 μm、厚 500 nm~5 μm 的硅片或氮化硅片制成。微悬臂的顶端为尖锐的探针，探针一般为 10 nm 左右，针尖的曲率半径约为 30 nm。

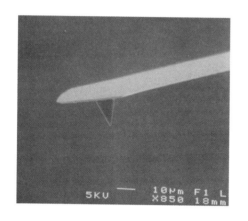 

图 3-2　AFM 针尖扫描电镜照片(布鲁克公司)

(2)位置检测部分。在原子力显微镜系统中，采用光束偏转法探测悬臂微变形。采用激光束照射在微悬臂末端，当针尖与样品之间有了作用后，会使悬臂发生摆动，其反射光的位置会随着悬臂摆动而发生改变，从而产生偏移量。整个测量系统便是依靠激光光斑位置检测器，将偏移量记录下来并转换成电信号，以供扫描探针显微镜(scanning probe microscope，SPM)控制器作信号处理。聚焦到微悬臂上面的激光反射到激光位置检测器，通过对落在检测器四个象限的光强进行计算，得到由于表面形貌起伏引起的微悬臂形变量大小，从而得到样品表面的不同信息。

(3)反馈系统。在原子力显微镜系统中，信号经由激光检测器获取后，在反馈系统(feedback system，FS)中会将此信号当作反馈信号，作为内部的调整信号，并驱使压电陶瓷扫描器(piezo tube，PT)进行适当的移动，以使样品与针尖保持一定的作用力(图 3-3)。

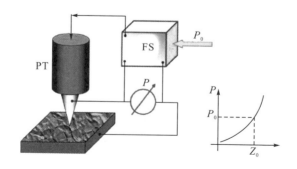

图 3-3　反馈系统工作原理示意图

2. AFM 的工作模式

AFM 的工作模式主要有三种：接触模式(contact mode)、非接触模式(non-contact mode)和轻敲模式(tapping mode)。

1) 接触模式

接触模式中，针尖与样品表面接触，并在其表面上简单地移动。针尖与样品间的相互作用力是两者相接触时原子间的排斥力，其大小为 $10^{-8} \sim 10^{-11}$ N。接触模式是靠这种斥力模式来获取样品表面形貌图像的，可产生稳定的、高分辨率的图像。但同时也存在着一些缺点，如在研究生物大分子、低弹性模量以及容易变形和移动的样品时，针尖和样品表面的排斥力会使样品原子的位置改变，使样品损坏；样品的原子容易黏附在探针上，污染探针针尖，不利于成像；扫描时还可能使样品发生很大的形变，在图像数据中出现假象。

2) 非接触模式

非接触模式是控制探针始终不与样品表面接触，让探针始终在样品上方 5～20 nm 距离处振荡。在该模式中，样品与针尖之间的相互作用力是范德华力。此时，由于探针与样品始终不接触，故而避免了接触模式中遇到的破坏样品和污染针尖的问题，灵敏度也比接触式高。但受针尖与样品之间间距限制，分辨率相对接触式较低，而且扫描速度较慢，不适用于在液体中的成像。由于这些缺点，非接触模式的应用非常受限，仅在超高真空环境下才能得到真正的应用。

3) 轻敲模式

轻敲模式是介于接触模式和非接触模式之间的一种成像技术。类似于非接触模式，通过压电陶瓷驱使探针悬臂以一定的频率振动，但微悬臂的共振频率的振幅相对非接触模式较大，一般大于 20 nm。微悬臂振荡幅值随样品表面性质的变化而改变，当针尖刚接触样品时，悬臂振幅会减小到某一特定数值。在扫描过程中，反馈回路维持悬臂振荡幅值保持恒定，即控制作用在样品上的力恒定，通过记录压电陶瓷管的移动得到样品表面形貌图。由于微悬臂的振动频率高，使得针尖与样品频繁接触但时间却十分短暂，分辨率几乎和接触模式一样好，同时对样品的破坏也几乎完全消失，可在空气和液体中操作，克服了以往常规模式的局限。

【实验仪器】

布鲁克公司 Dimension Edge 型原子力显微镜，硅基底金属 Cu 薄膜。

【实验内容和步骤】

1. 准备工作

(1) 选择合适的探针和探针夹。

(2)安装探针。

(3)安装探针夹。

(4)样品准备。

将待测的硅基底金属 Cu 薄膜样品裁剪至边长不超过 15 mm，并用双面胶粘在仪器配套的尺寸合适的金属样品托上。

2. 开机

(1)打开计算机和显示器。

(2)打开 Pump box 和 Nano drive 控制器。

(3)打开 Nano drive 软件。

(4)打开 Nanoscope 软件，选择实验方案、实验环境及扫描管，进入具体实验设置界面。

3. 调节激光

点击软件界面主菜单"Laser Alignment"图标出现激光调节窗口。

(1)将激光打在悬臂前端。扫描头上部右侧有两个激光调节旋钮，按照箭头所示方向顺时针旋转激光，调节激光光斑位置，使激光打在悬臂前端。

(2)调整检测器位置。扫描头左侧有两个检测器位置调节旋钮。旋转这两个旋钮，同时观察显示器上"Laser Alignment"窗口的数值，调节 Vert. Defl.和 Hori. Defl.到合适的值。将显示器上"Laser Alignment"界面中显示的粉色圆点调整到 Detector 的中心。此时 Vert. Defl.和 Hori. Defl.都在 0 V 附近。正确调节完毕后，探针 SUM 值应在 1 V 左右。

4. 进样

(1)放置样品。将显微镜基座上的"Vacuum"按钮置于"On"的位置，此时真空打开，将样品吸附在样品台上。

(2)将 ccd 焦距调节清楚，看清针尖形貌，在"NAVIGATE"窗口 中，选择"surface"进入样品调节界面。使用"FOCUS UP"或者"FOCUS DOWN"图标找到探针位置后，"Camera control"界面调节放大倍数图标将探针位置调节到视场中央。降低扫描管和样品之间的距离。

(3)使用 X-Y motion 移动样品台，将待测样品移入探针正下方。

(4)使用 Z motion 扫描管升降图标，将扫描管降低，以看清样品表面。

5. 扫描

(1)点击"scancontrol"图标，打开 scancontrol 窗口。

(2)设定以下扫描参数：Scan Range 小于 1 m，X offset 和 Y offset 设为 0，Rotation 设为 0。保持系统中其他参数不变。

（3）寻找探针固有振动频率。点击主菜单中"tune"针图标✐，进入 tune 针界面，在"range"窗口中，选择 tune 针范围，范围对应于所使用的探针与探针盒上标明的 f_0 的最小值和最大值。根据针尖反射激光的 sum 值，选择"input gain"的范围：Sum 值小于 2，input gain 设置为*4；sum 值大于 2，input gain 设置为*8 或者*10；Target 设置为 5～6 V。

（4）选择"Auto Tune"，点击"开始"▶。

（5）振针过程结束后，关闭 tune 针窗口。

（6）进针，点击进针图标🔧。

（7）在"scancontrol"界面，点击"channel"选择要收集的窗口信息。开始扫图：将 scanrange 设置成要扫的形貌大小。点击 ▶，开始扫描。为了调图方便，"height sensor"forward 和 backward 必须同时选择。

（8）观察 height sensor 图中 Trace 和 Retrace 两条曲线的重合情况。

①优化 Setpoint。观察 height sensor 图中 Trace 和 Retrace 两条曲线的重合情况。在 Tapping 模式下，减小 Amplitude Setpoint 直到两条扫描线基本反映同样的形貌特征。

②优化 Integral gain 和 Proportional gain。为了使增益与样品表面的状态相符，一般的调节方法为：直接增大 Integral gain，使反馈曲线开始振荡，然后减小 Integral gain 直到振荡消失，接下来用相同的办法调节 Proportional gain。通过调节增益使两条扫描线基本重合并且没有振荡。

（9）调节扫描范围和扫描速率。随着扫描范围的增大，扫描速率必须相应降低。对于大范围的起伏较大的表面，扫描速率调为 0.7～2 Hz 较为合适。大的扫描速率会减少漂移现象，但一般只用于扫描小范围的很平的表面。

6. 测试完成退针

7. 数据保存

选择保存图标🖫，选择保存路径。在扫描控制窗选择🖾，仪器会在扫描到顶部或底部时自动保存图片。

8. 关机

（1）关闭 Nano drive 软件。
（2）关闭 pump box 控制器。
（3）关闭 Nano drive 控制器。
（4）关闭计算机和显示器。

【注意事项】

（1）开机前应确认实际电压与系统设定的工作电压相符合，确认所有的线缆都已正确连接。确保操作环境符合要求且防震台处于正常工作状态。确认没有任何障碍物阻碍样品台的移动。

(2)操作时务必注意控制探针和样品台之间的距离。如果探针和样品台距离过近，请多次执行 Withdraw 命令，或者点击"navigate"界面中 surface 的 ⬆ 图标，向上移动扫描管，保证扫描管不会在样品台移动过程中发生损害。

【思考题】

1. 原子力显微镜的工作原理是什么？
2. 原子力显微镜的基本扫描模式是什么？其使用范围和特点是什么？
3. 进行光路调节时如何判断激光光斑已经到达探针微悬臂尖端上？

【参考文献】

白春礼，1991. 扫描隧道显微术及其应用[M]. 上海：上海科学技术出版社：91-129.

布鲁克(北京)科技有限公司.《Dimension Edge 操作手册》.

冯文林，杨晓占，魏强，2015. 近代物理实验教程[M]. 重庆：重庆大学出版社.

黄润生，沙振舜，唐清，2008. 近代物理实验. 2 版[M]. 南京：南京大学出版社.

Mironov V L，2004. Fundamentals of Scanning Probe Microscopy[M]. Nizhniy Novgorod： NT-MDT.

实验 4　氢(氘)原子光谱及里德伯常数的测量

【引言】

研究元素的原子光谱,可以了解原子的内部结构,认识原子内部电子的运动,促进电子自旋的发现。19 世纪,当人们还不知道原子的真正结构时,就已经知道不同原子或分子发出的光谱是不一样的,每种原子或分子都有它自己的特征光谱。例如,原子通常发射的是线光谱,分子发射的是带光谱。

光谱线系的规律与原子结构有着内在的联系,因此,原子光谱是研究原子结构的一种重要方法。氢原子是所有原子中最简单的原子,其光谱规律及原子核与电子之间的相互作用是最典型的,各种原子光谱线的规律性研究是首先在氢原子上得到突破的。1885 年,巴尔末(Balmer)总结了人们对氢光谱测量的结果,发现了氢光谱的规律,提出了著名的巴尔末公式。氢光谱规律的发现为玻尔(N. Bohr)理论的建立提供了坚实的实验基础,对原子物理学和量子力学的发展起到了重要的作用。

自然界中的许多元素都存在同位素,它们的原子核具有相同数量的质子,但中子数不同。反映在谱线上,同位素所对应的谱线发生位移,这种现象称为同位素位移。同位素位移的大小与核质量有密切关系,核质量越小,位移效应越大,因此,氢同位素具有最大的同位素位移。1932 年,尤里(Urey)根据里德伯(Rydberg)常数随原子核质量不同而变化的规律,对重氢莱曼线系进行摄谱分析,发现氢原子光谱中每条线都是双线,通过对波长的测量,并与假设的重氢核质量所得的双线波长相比较,实验值跟理论值符合得很好,从而确定了氢的同位素——氘(化学符号用 D 表示)的存在。通过巴尔末公式求得的里德伯常数是物理学中少数几个最精确的常数之一,成为检验原子理论可靠性的标准和测量其他基本物理常数的依据。

随着科技的进步及人类社会的发展,特别是计算机的普遍使用、光电接收和电荷耦合元件(charge-coupled device,CCD)技术的出现和完善,可以由计算机与光电接收或 CCD 技术相结合来实现传统的光谱底片拍摄技术,使实验变得更加简单并易于操作,省去了烦琐的测量与计算过程。

【实验目的】

(1) 了解光栅光谱仪的工作原理,掌握利用光栅光谱仪进行测量的技术。
(2) 加深对氢光谱规律和同位素位移的理解。
(3) 掌握利用测量的氢氘原子光谱线计算相应的里德伯常数,了解精密测量的意义。

【实验原理】

人们对原子的认识,是从原子光谱的研究开始的,测量原子光谱中各光谱线的波长可推算出原子能级的结构情况,由此可得到关于原子的微观结构的有关信息。因此原子光谱实验是研究原子结构的重要手段,氢原子光谱是最简单的光谱,在原子物理学的早期发展中,氢原子光谱曾做出过特殊的贡献。早在 1885 年,瑞士年轻的中学教师巴尔末根据实验结果,经验性地发现了氢原子光谱的规律,特别是可见光区的四条氢光谱谱线,其波长分布规律可以用经验公式(巴尔末公式)表示为

$$\lambda = B \frac{n^2}{n^2 - 4} \qquad (n = 3, 4, 5, \cdots) \tag{4-1}$$

式中,λ 为波长;$B = 364.57 \text{ nm}$,为一实验常数;$n = 3, 4, 5, 6$ 等自然数。

为了更清楚地表达谱线分布规律,1896 年,瑞典光谱学家里德伯引用波数的概念将巴尔末公式改写成如下形式:

$$\tilde{\nu} = \frac{1}{\lambda} = R_H \left(\frac{1}{2^2} - \frac{1}{n^2} \right) \tag{4-2}$$

式中,$\tilde{\nu}$ 为波数;$R_H = 1.0967758 \times 10^7 \text{ m}^{-1}$,为氢的里德伯常数。此公式完全是从实验中得出的经验公式,然而,它在实验误差范围内与测定值惊人地符合。

其后,丹麦物理学家尼尔斯·玻尔(N. Bohr)建立了氢原子理论(玻尔理论)。根据玻尔理论,原子具有不连续的能级,每条发射谱线都是原子中的电子从一个能级跃迁到另一个较低能级时释放能量的结果,对于巴尔末线系有

$$\tilde{\nu} = \frac{2\pi^2 e^4 Z^2 m}{(4\pi\varepsilon_0)^2 h^3 c \left(1 + \frac{m}{M}\right)} \left(\frac{1}{2^2} - \frac{1}{n^2} \right) \tag{4-3}$$

式中,m 和 e 分别为电子的质量和电荷;Z 为原子序数;ε_0 为真空中介电常数;h 为普朗克常量;c 为真空中的光速;M 为原子核的质量。将式(4-3)与式(4-2)比较,可得氢原子的里德伯常数为

$$R_H = \frac{2\pi^2 e^4 Z^2 m}{(4\pi\varepsilon_0)^2 h^3 c \left(1 + \frac{m}{M}\right)} = \frac{R_\infty}{1 + \frac{m}{M}} \tag{4-4}$$

式中,R_∞ 表示当 $M \to \infty$(假定原子核不动)时的里德伯常数,即

$$R_\infty = \frac{2\pi^2 m e^4 Z^2}{(4\pi\varepsilon_0)^2 c h^3} \tag{4-5}$$

由式(4-4)可知,R_H 是随 M 变化的,如果氢原子有同位素存在,则 M 不同,那么 λ(或 $\tilde{\nu}$)有所不同。反映在谱线中,就是对应的同位素谱线与氢的谱线发生位移,称为同位素位移。1932 年,尤里把 3 L 液氢在低压下蒸发至 1 mL,以提高液氢中重氢的含量,然后将其注入放电管中,拍摄光谱。他发现巴尔末线系中的四条谱线都是双线,并测量了波长

差，从假定的重氢核质量算得不同的里德伯常数，计算出双线的波长差。结果发现，计算值与实验值符合得非常好，从而肯定了氢的同位素氘的存在。

根据巴尔末公式，对于氢和氘，其谱线波长的计算公式分别为

$$\tilde{\nu}_{\mathrm{H}} = \frac{1}{\lambda_{\mathrm{H}}} = R_{\mathrm{H}}\left(\frac{1}{2^2} - \frac{1}{n^2}\right), \qquad \tilde{\nu}_{\mathrm{D}} = \frac{1}{\lambda_{\mathrm{D}}} = R_{\mathrm{D}}\left(\frac{1}{2^2} - \frac{1}{n^2}\right) \tag{4-6}$$

将式(4-4)应用到氢和氘元素，有

$$R_{\mathrm{H}} = \frac{R_{\infty}}{1 + \dfrac{m}{M_{\mathrm{H}}}}, \quad R_{\mathrm{D}} = \frac{R_{\infty}}{1 + \dfrac{m}{M_{\mathrm{D}}}} \tag{4-7}$$

可见 R_{H} 和 R_{D} 是有差别的，其结果就是 D 的谱线相对于 H 的谱线会有微小位移。λ_{H} 和 λ_{D} 是能够直接精确测量的，测出 λ_{H} 和 λ_{D}，就可以计算出 R_{H}、R_{D} 和里德伯常数 R_{∞}，同时还可以计算出 H 和 D 的原子核质量比。

$$\frac{M_{\mathrm{D}}}{M_{\mathrm{H}}} = \frac{m}{M_{\mathrm{H}}} \cdot \frac{\lambda_{\mathrm{H}}}{\left(\lambda_{\mathrm{D}} - \lambda_{\mathrm{H}} + \dfrac{\lambda_{\mathrm{D}} m}{M_{\mathrm{H}}}\right)} \tag{4-8}$$

式中，$m/M_{\mathrm{H}} = 1/1836.1527$，H 和 D 巴尔末线系可见光区波长如表 4-1 所示。

表 4-1　氢(H)和氘(D)巴尔末线系可见光区波长表

n	颜色	氢(H)		氘(D)	
		谱线符号	波长/nm	谱线符号	波长/nm
3	红	H_α	656.28	D_α	656.10
4	深绿	H_β	486.13	D_β	486.00
5	青	H_γ	434.04	D_γ	433.93
6	紫	H_δ	410.17	D_δ	410.06

【实验仪器与装置】

1. 实验仪器

WDS-8 型多功能光栅光谱仪、计算机等。

2. 实验装置

WDS-8 型多功能光栅光谱仪由光栅单色仪主机、扫描系统、接收单元、信号放大系统、A/D 采集单元和计算机组成。该光谱仪集光学、精密机械、电子学和计算机技术于一体，其操作由计算机操作和手工操作共同来完成。除单色仪的入射狭缝宽度、出射狭缝宽度和负高压(光电倍增管接收系统)不受计算机控制而用手工设置外，其他的各项参数设置和测量均由计算机来完成。WDS-8 型多功能光栅光谱仪结构框图如图 4-1 所示。

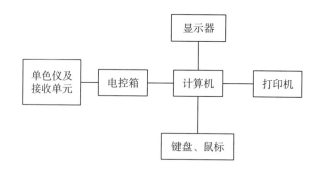

图 4-1　WDS-8 型多功能光栅光谱仪结构框图

该实验装置包括光学系统、电子系统和软件系统三部分，下面分别就三大系统做一简要介绍。

1) 光学系统

光谱仪是指利用折射或衍射产生色散的一类光谱测量仪器，光栅光谱仪是光谱测量中最常用的仪器，基本结构如图 4-2 所示。它由入射狭缝 S_1、准直球面反射镜 M_1、光栅 G、聚焦球面反射镜 M_2、半反半透镜 M_3 以及输出狭缝 S_2 或 S_3 构成。

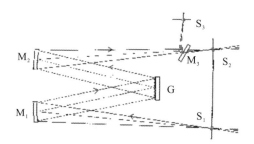

图 4-2　WDS-8 型多功能光栅光谱仪光路图

入射狭缝、出射狭缝均为直狭缝，宽度范围 0～2 mm 连续可调，顺时针旋转为狭缝宽度加大，反之减小，每旋转一周狭缝宽度改变 0.5 mm。光源发出的光束进入入射狭缝 S_1，S_1 位于反射式准直透镜 M_1 的焦面上，通过 S_1 射入的光束经 M_1 反射成平行光束投向平面光栅 G 上，衍射后的平行光束经物镜 M_2 成像在 S_2 上，或经物镜 M_2 和平面镜 M_3 成像在 S_3 上。根据狭缝 S_2 或 S_3 开启宽度的大小，允许波长间隔非常狭窄的一部分光束射出狭缝。当旋转光栅 G 时，可以在狭缝 S_2 或 S_3 处得到光谱纯度非常高的不同波长的单色光束，这样光谱仪就将入射的复色光分解成一系列单色光，在狭缝处放置光电倍增管或 CCD，即可获得衍射光的信息。

衍射光栅是光栅光谱仪的核心色散器件。在一块平整的玻璃或金属材料表面(可以是平面或凹面)刻画出一系列平行、等距的刻线，然后在整个表面镀上高反射的金属膜或介质膜，就构成一块反射式衍射光栅。相邻刻线的间距 d 称为光栅常数，通常刻线密度为每毫米数百至数千条，刻线方向与光谱仪狭缝平行。入射光经光栅衍射后，相邻刻线产生的

光程差为

$$\Delta s = d(\sin \alpha + \sin \beta)$$

式中，α 为入射角；β 为衍射角。则可导出光栅方程：

$$d(\sin \alpha + \sin \beta) = m\lambda \quad (m = 0, \pm 1, \pm 2, \cdots)$$

如果入射光为正入射 $(\alpha = 0)$，光栅方程变为 $d \sin \beta = m\lambda$。衍射角度随波长的变化关系，称为光栅的角色散特性，当入射角给定时，可以由光栅方程导出：

$$\frac{\mathrm{d}\beta}{\mathrm{d}\lambda} = \frac{m}{d \cos \beta} \tag{4-9}$$

复色入射光进入狭缝 S_1 后，经 M_1 变成复色平行光照射到光栅 G 上，经光栅色散后，形成不同波长的平行光束并以不同的衍射角度出射，M_2 将照射到它上面的某一波长的光聚焦在出射狭缝 S_2 上，再由 S_2 后面的光电探测器记录该波长的光强度。光栅 G 安装在一个转台上，当光栅旋转时，就将不同波长的光信号依次聚焦到出射狭缝上，光电探测器记录不同光栅旋转角度(不同的角度代表不同的波长)时的输出光信号强度，即记录了光谱。这种光谱仪通过输出狭缝选择特定的波长进行记录，称为光栅单色仪。

在使用单色仪时，对波长进行扫描是通过旋转光栅来实现的。通过光栅方程可以给出出射波长和光栅角度之间的关系(如图 4-3 所示)。

$$\lambda = \frac{2d}{m} \cos \psi \sin \eta$$

式中，η 为光栅的旋转角度；ψ 为入射角和衍射角之和的一半，对给定的单色仪来说 ψ 为一常数。

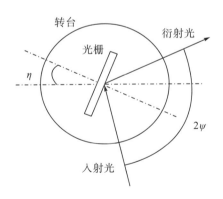

图 4-3 光栅转动系统示意图

2)电子系统

电子系统由电源系统、接收系统、信号放大系统、A/D 转换系统和光源系统等部分组成。

电源系统为仪器提供所需的工作电压；接收系统将光信号转换成电信号；信号放大器系统包括前置放大器和放大器两部分；A/D 转换系统将模拟信号转换成数字信号，以便计算机进行处理；光源系统为仪器提供工作光源，可选氢氘灯、汞灯、钠灯等光源。

低压汞灯点燃后发出较强的汞的特征谱线，可用作标准光谱对光谱仪进行波长标定。利用汞灯发出的五根谱线进行校准，其波长分别为 404.66 nm、435.83 nm、546.07 nm、576.89 nm、579.07 nm。

3) 软件系统

WDS-8 型组合式多功能光栅光谱仪的控制和光谱数据处理操作均由计算机来完成。软件系统主要功能有：仪器系统复位、光谱扫描、各种动作控制、测量参数设置、光谱采集、光谱数据文件管理、光谱数据的各种计算等。

【实验内容及操作】

1. 利用汞灯发出的标准光谱对光栅光谱仪进行校正

(1) 确认光栅光谱仪各个部分(单色仪主机、电控箱、接收单元、计算机)连线已经正确连接，并打开电源。

(2) 启动电脑，开启光栅光谱仪，进入系统操作主界面。

(3) 打开汞灯电源，预热 3 分钟，然后将汞灯对准狭缝 S_1，根据测试和实验的要求分别调节入射狭缝宽度、出射狭缝宽度到合适的宽度。

(4) 设定工作参数，调节"负高压调节"旋钮。

(5) 检查"起始波长"是否在当前波长之后(≤ 400 nm)，然后启动自动扫描。

(6) 扫描完成后进行"寻峰"，与汞原子标准谱进行对比，算出修正值进行修正。

2. 氢氘光谱的测量

(1) 更换氢氘灯及其电源，打开电源并预热。

(2) 设置工作参数及"负高压调节"。

(3) 根据参数设置进行扫描寻峰。

(4) 根据寻峰结果，记录氢氘谱峰所对应的波长。

(5) 进行数据处理，分别计算出 R_H、R_D 和里德伯常数 R_∞，并计算出氘氢原子核质量比。

【注意事项】

(1) 为了保证仪器的性能指标和寿命，每次使用完毕后，将入射狭缝宽度、出射狭缝宽度分别调节到 0.1 mm 左右。

(2) 在光电倍增管加有负高压的情况下，一定不要使其暴露在强光下(包括自然光)，使用结束后，一定要注意调节负高压旋钮使其负高压归零，然后再关闭电控箱。

【思考题】

1. 在同一主量子数 n 下，氢氘谱线的波长 λ_H 和 λ_D 哪个大？为什么？

2. 氢光谱包含几个相互独立的光谱线系？它们产生的规律和名称是什么？分别处于什么波段？哪个线系位于可见光区？

3. 设氢原子核有一个质子，质量为 M，氘核有一个质子和中子，其质量近似为 $2M$，请设计一个实验方案，测量质子的质量与电子的质量之比。

4. 试画出氢原子巴尔末线系的能级图，并标出前四条谱线对应的能级跃迁和波长。

【参考文献】

韩忠，2012. 近现代物理实验[M]. 北京：机械工业出版社.

高铁军，孟祥省，王书运，2009. 近代物理实验[M]. 北京：科学出版社.

李治学，2007. 近代物理实验[M]. 北京：科学出版社.

天津市拓普仪器有限公司. WDS 系列组合式多功能光栅光谱仪使用说明书.

吴思诚，王祖铨，2005. 近代物理实验[M]. 北京：高等教育出版社.

实验 5　巨磁电阻效应及其应用

【引言】

2007 年诺贝尔物理学奖授予了巨磁电阻(giant magneto resistance，GMR)效应的发现者，法国 Paris-Sud 大学的物理学家阿贝尔·费尔(Albert Fert)和德国尤里希研究中心物理学家彼得·格伦贝格尔(Peter Grunberg)。他们于 1988 年分别独立发现了巨磁阻效应。诺贝尔奖委员会说明："这是一次好奇心导致的发现，但其随后的应用却是革命性的，因为它使得计算机硬盘的容量从几百 M，几千 M 提高几百倍，达到几百 G 乃至上千 G。"

凝聚态物理研究原子、分子在构成物质时的微观结构，它们之间的相互作用力，以及与宏观物理性质之间的联系。人们早就知道过渡金属铁、钴、镍能够出现铁磁性有序状态。量子力学出现后，德国科学家海森伯(W. Heisenberg，1932 年诺贝尔奖得主)明确提出铁磁性有序状态源于铁磁性原子磁矩之间的量子力学交换作用，这个交换作用是短程的，称为直接交换作用。后来发现很多的过渡金属和稀土金属的化合物具有反铁磁有序状态，即在有序排列的磁材料中，相邻原子因受负的交换作用，自旋为反平行排列，如图 5-1 所示。

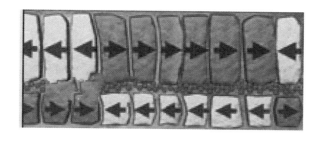

图 5-1　反铁磁有序

磁矩虽处于有序状态，但总的净磁矩在不受外电场作用时仍为零。这种磁有序状态称为反铁磁性。法国科学家奈尔(L. E. F. Neel)因为系统地研究反铁磁性而获 1970 年诺贝尔奖。他在解释反铁磁性时认为，化合物中的氧离子(或其他非金属离子)作为中介，将最近的磁性原子的磁矩耦合起来，这是间接交换作用。另外，在稀土金属中也出现了磁有序，其中原子的固有磁矩来自 4f 电子壳层。相邻稀土原子的距离远大于 4f 电子壳层直径，所以稀土金属中的传导电子担当了中介，将相邻的稀土原子磁矩耦合起来。

直接交换作用的特征长度为 0.1～0.3 nm，间接交换作用可以长达 1 nm 以上。1 nm 已经是实验室中人工微结构材料可以实现的尺度。1970 年美国 IBM 实验室的江崎和朱兆祥提出了超晶格的概念。所谓超晶格材料，是指两种不同组元以几纳米到几十纳米的薄层交替生长并保持严格周期性的多层膜。由于这种复合材料的周期长度比各薄膜单晶的晶格常数大几倍或更长，因此取得"超晶格"的名称。20 世纪 80 年代，突破了以往难以制作高质量的纳米尺度样品的限制，金属超晶格成为研究前沿，凝聚态物理工作者对这类人工材料的磁有序、层间耦合、电子输送进行了广泛的基础研究。

德国尤里希科研中心的物理学家彼得·格伦贝格尔一直致力于研究铁磁性金属薄膜表面和界面上的磁有序状态。研究对象是一个三明治结构的薄膜，即两层厚度约 10 nm 的铁层之间夹有厚度为 1 nm 的铬层。选择这个材料系统并不是偶然的，首先，金属铁和铬是周期表上相近的元素，具有类似的电子壳层，容易实现两者的电子状态匹配；其次，金属铁和铬的晶格对称性和晶格常数相同，它们之间晶格结构也是匹配的，这两类匹配非常有利于基本物理过程的探索。但是，很长时间以来制成的三明治薄膜都是多晶体，格伦贝格尔和很多研究者一样，并没有特别的发现。直到 1986 年，他采用了分子束外延(molecular beam epitaxy，MBE)方法制备薄膜，样品成分还是铁-铬-铁三层膜，不过已经是结构完整的单晶。在此金属三层膜上利用光散射以获得铁磁矩的信息，实验中逐步减小薄膜上的外磁场，直到取消外磁场。他们发现，在铬层厚度为 0.8 nm 的铁-铬-铁"三明治"中，两边的两个铁磁层磁矩从彼此平行(较强磁场下)，转变为反平行(弱磁场下)。换言之，对于非铁磁场铬的某个特定厚度，没有外磁场时，两边铁磁层磁矩是反平行的，这个新现象成为巨磁电阻效应出现的前提。既然磁场可以将两边铁磁层磁矩在彼此平行与反平行之间转换，相应的物理性质会有什么变化呢？格伦贝格尔接下来发现，两个磁矩反平行时对应高电阻状态，平行时对应低电阻状态，两个电阻的差别高达 10%。格伦贝格尔将实验结果写成论文，与此同时，他申请了将这种效应和材料应用于硬盘磁头的专利。当时的申请需要一定的胆识，因为铁-铬-铁"三明治"上出现巨磁电阻效应所需磁场高达上千高斯，远高于硬盘上磁比特单元能够提供的磁场，但日后不断发现新的结构和材料，使这个设想成为现实。

另外，1998 年巴黎十一大学固体物理实验室物理学家阿尔贝·费尔的小组将铁、铬薄膜交替制成几十个周期的铁-铬超晶体，也称为周期性多层膜。他们发现，当改变磁场强度时，超晶格薄膜的电阻下降近一半，即磁电阻比率达到 50%。他们称这个前所未有的电阻巨大变化现象为巨磁电阻，并用两电流模型解释该物理现象。显然，周期性多层膜可以被看成是若干个格伦贝格尔三明治的重叠，所以德国和法国的两个独立发现实际上是同一个物理现象。

人们自然要问，在其他过渡金属中，这个奇特的现象是否也存在呢？IBM 公司的斯图尔特·帕金(S. P. Parkin)给出了肯定的回答。1990 年他首次报道，除了铁-铬超晶格，还有钴-钌和钴-铬超晶格也具有巨磁电阻效应，并且随着非磁层厚度增加，上述超晶格的磁电阻值振荡下降。在随后的几年，帕金和世界范围的科学家在过渡金属超晶格和金属多层膜中，找到了 20 多种具有巨磁电阻振荡现象的不同体系。帕金的发现在技术层面上特别重要。首先，他的结果为寻找更多的 GMR 材料开辟了广阔空间，后来人们的确找到了适合硬盘的 GMR 材料，并于 1997 年制成了 GMR 磁头。其次，帕金采用较普通的磁控溅射技术，代替精密的 MBE 方法制备薄膜，目前这已经成为工业生产多层膜的标准技术。磁控溅射技术克服了物理发现与产业化之间的障碍，使巨磁电阻成为基础研究快速转换为商业应用的国际典范。同时，巨磁电阻效应也被认为是纳米技术的首次真正应用。

诺贝尔奖委员会还指出："巨磁电阻效应的发现打开了一扇通向新技术世界的大门——自旋电子学，这里，将同时利用电子的电荷及自旋这两个特性。"

GMR 作为自旋电子学的开端具有深远的科学意义。传统的电子学是以电子的电荷移动为基础的，电子自旋往往被忽略了。巨磁电阻效应表明，电子自旋对于电流的影响非常强烈，电子的电荷与自旋两者都可能载运信息。自旋电子学的研究和发展，引发了电子技术与信息技术的一场新革命。目前，电脑、音乐播放器等各类数码电子产品中所装备的硬盘磁头，基本上都应用了巨磁电阻效应。利用巨磁电阻效应制成的多种传感器，已广泛应用于各种测量和控制领域。除利用铁磁膜-金属膜-铁磁膜的 GMR 效应外，由两层铁磁膜夹一极薄的绝缘膜或半导体膜构成的隧穿磁阻(tunneling magneto resistance，TMR)效应，已显示出比 GMR 效应更高的灵敏度。除在多层膜结构中发现 GMR 效应，并已实现产业化外，在单晶、多晶等多种形态的钙钛矿结构的稀土锰酸盐中，以及一些磁性半导体中，都发现了巨磁电阻效应。

但是大家应该注意到的是：巨磁电阻效应已经是一种非常成熟的旧技术了，目前人们感兴趣的问题是如何将隧穿磁阻效应开发为未来的新技术宠儿。隧穿磁阻效应会在比巨磁电阻效应中更弱的磁场下获得显著的电阻改变。

本实验将介绍多层膜 GMR 效应的原理，并通过实验让学生了解几种 GMR 传感器的结构、特性及应用领域。

【实验目的】

(1) 了解 GMR 效应的原理。
(2) 测量 GMR 模拟传感器的磁电转换特性曲线。
(3) 测量 GMR 的磁阻特性曲线。
(4) 测量 GMR 开关(数字)传感器的磁电转换特性曲线。
(5) 用 GMR 传感器测量电流。
(6) 用 GMR 梯度传感器测量齿轮的角位移，了解 GMR 转速(速度)传感器的原理。
(7) 通过实验了解磁记录与读出的原理。

【实验仪器】

巨磁电阻效应及应用实验仪、基本特性组件、电流测量组件。

【实验原理】

根据导电的微观机理，电子在导电时并不是沿电场直线前进，而是不断和晶格中的原子产生碰撞（又称散射），每次散射后电子都会改变运动方向，总的运动是电场对电子的定向加速与这种无规则散射运动的叠加。称电子在两次散射之间走过的平均路程为平均自由程，电子散射概率小，则平均自由程长，电阻率低，电阻定律 $R = \rho L/S$ 中，把电阻率 ρ 视为常数，与材料的几何尺度无关，这是因为通常材料的几何尺度远大于电子的平均自由程（例如，铜中电子的平均自由程约 34 nm），可以忽略边界效应。当材料的几何尺度小到纳米量级，只有几个原子的厚度时（例如，铜原子的直径约 0.3 nm），电子在边界上的散射概率大大增加，可以明显观察到厚度减小、电阻率增加的现象。

电子除携带电荷外，还具有自旋特性，自旋磁矩有平行或反平行于外磁场两种可能取向。早在 1936 年，英国物理学家、诺贝尔奖获得者 N. F. Mott 就指出，在过渡金属中，自旋磁矩与材料的磁场方向平行的电子，所受散射概率远小于自旋磁矩与材料的磁场方向反平行的电子。总电流是两类自旋电流之和，总电阻是两类自旋电流的并联电阻，这就是所谓的两电流模型。

在图 5-2 所示的多层膜结构中，无外磁场时，上下两层磁性材料是反平行（反磁铁）耦合的。施加足够强的外磁场后，两层铁磁膜的方向都与外磁场方向一致，外磁场使两层铁磁膜从反平行耦合变成了平行耦合。

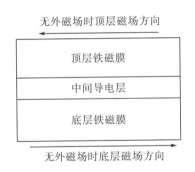

图 5-2 多层膜时的 GMR 结构图

图 5-3 是图 5-2 结构的某种 GMR 材料的磁阻特性。由图 5-3 可见，随着外磁场增大，电阻逐渐减小，其间有一段线性区域。当外磁场使两铁磁膜完全平行耦合后，继续增大磁场，电阻不再减小，进入磁饱和区域。磁阻变化率达百分之十几，加方向磁场时磁阻特性是对称的。注意到图 5-3 中的曲线有两条，分别对应增大磁场和减小磁场时的磁阻特性，这是因为铁磁材料都具有磁滞特性。

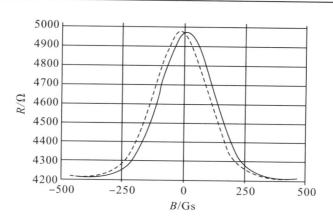

图 5-3   某种 GMR 材料的磁阻特性

有两类与自旋相关的散射对巨磁电阻效应有贡献。

其一，界面上的散射。无外磁场时，上下两层铁磁膜的磁场方向相反，无论电子的初始自旋状态如何，从一层铁磁膜进入另一层铁磁膜时都面临状态改变(平行-反平行或反平行-平行)，电子在界面上的散射概率很大，对应于高电阻状态。有外磁场时，上下两层铁磁膜的磁场方向一致，电子在界面上的散射概率很小，对应于低电阻状态。

其二，铁磁膜内的散射。即使电流方向平行于膜面，由于无规则散射，电子也有一定概率在上下两层铁磁膜之间穿行。无外磁场时，上下两层铁磁膜的磁场方向相反，无论电子的初始自旋状态如何，在穿行过程中都会经历散射概率小(平行)和散射概率大(反平行)两种过程，两类自旋电流的并联电阻相当于两个中等阻值的电阻并联，对应于高电阻状态。有外磁场时，上下两层铁磁膜的磁场方向一致，自旋平行的电子散射概率小，自旋反平行的电子散射概率大，两类自旋电流的并联电阻相当于一个小电阻与一个大电阻的并联，对应于低电阻状态。

多层膜 GMR 结构简单，工作可靠，磁阻随外磁场线性变化的范围大，在制作模拟传感器方面得到广泛应用。在数字记录与读出(数)领域，为进一步提高灵敏度，发展了自旋阀结构的 GMR。

自旋阀结构的 SV-GMR(spin valve GMR)由钉扎层、被钉扎层、中间导电层和自由层构成。其中，钉扎层使用反铁磁材料，被钉扎层使用硬铁磁材料，铁磁和反铁磁材料在交换耦合作用下形成一个偏转场，此偏转场将被钉扎层的磁化方向固定，不随外磁场改变。自由层使用软铁磁材料，它的磁化方向易随外磁场转动。这样，很弱的外磁场就会改变自由层与被钉扎层的磁场的相对取向，对应于很高的灵敏度。制造时，使自由层的初始磁化方向与被钉扎层垂直，磁记录材料的磁化方向与被钉扎层的方向相同或相反(对应于 0 或 1)，当感应到磁记录材料的磁场时，自由层的磁化方向就向被钉扎层磁化方向相同(低电阻)或相反(高电阻)的方向偏转，检测出电阻的变化，就可确定记录材料所记录的信息，硬盘所用的 GMR 磁头就采用这种结构。

【实验装置】

1. 巨磁阻实验仪

图 5-4 是巨磁阻实验仪的前面板示意图。

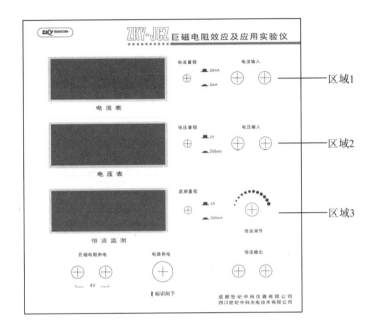

图 5-4 巨磁实验仪操作面板

前面板可分为三个区域：

区域 1，电流表部分：作为一个独立的电流表使用。设有两个挡位：2 mA 挡和 200 mA 挡，可通过电流量程切换开关，选择合适的电流挡位测量电流。

区域 2，电压表部分：作为一个独立的电压表使用。设有两个挡位：2 V 挡和 200 mV 挡，可通过电压量程切换开关，选择合适的电压挡位。

区域 3，恒流源部分：可变恒流源。

实验仪还提供 GMR 传感器工作所需的 4 V 电源和运算放大器工作所需的 8 V 电源。

2. 基本特性组件

如图 5-5 所示，基本特性组件由 GMR 模拟传感器、螺线管线圈及比较电路、输入输出插孔组成，用于对 GMR 的磁电转换特性、磁阻特性的测量。GMR 传感器置于螺线管的中央。

螺线管用于在实验过程中产生大小可计算的磁场，由理论分析可知，无限长直螺线管内部轴上任一点的磁感应强度为

$$B = \mu_0 n I \tag{5-1}$$

式中，n 为线圈密度；I 为流经线圈的电流强度；$\mu_0 = 4\pi \times 10^{-7} \, \mathrm{H/m}$，为真空中的磁导率。采用国际单位制时，由上式计算出的磁感应强度单位为特斯拉($1 \, \mathrm{T} = 10000 \, \mathrm{Gs}$)。

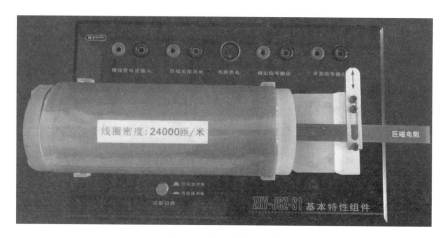

图 5-5　基本特性组件

3. 电流测量组件

图 5-6 是电流测量组件图。

电流测量组件将导线置于 GMR 模拟传感器近旁，用 GMR 传感器测量导线通过不同大小电流导线周围的磁场变化，就可确定电流大小。与一般测量电流需将电流表接入电路相比，这种非接触测量的方式不干扰原电路的工作，具有特殊的优点。

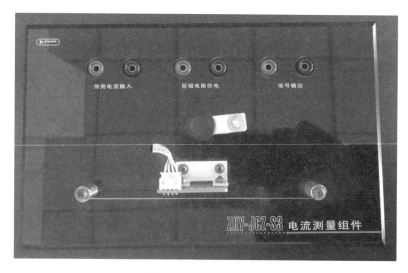

图 5-6　电流测量组件

【实验内容及步骤】

1. GMR 模拟传感器的磁电转换特性测量

在将 GMR 构成传感器时，为了消除温度变化等环境因素对输出的影响，一般采用桥式结构，图 5-7 是某型号传感器的结构。

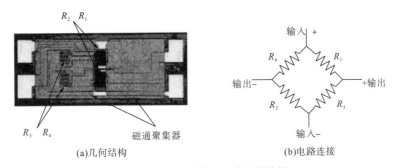

(a)几何结构   (b)电路连接

图 5-7　GMR 模拟传感器结构图

对于电桥结构，如果 4 个 GMR 电阻对磁场的影响完全同步，就不会有信号输出。图 5-7 中，将处在电桥对角位置的两个电阻 R_3、R_4 覆盖一层高磁导率的材料，如坡莫合金，以屏蔽外磁场对它们的影响，而 R_1、R_2 阻值随外磁场改变。设无外磁场时 4 个 GMR 电阻的阻值均为 R，R_1、R_2 在外磁场作用下电阻减小 ΔR，简单分析表明，输出电压：

$$U_{\text{out}} = U_{\text{in}} \Delta R / (2R - \Delta R) \tag{5-2}$$

屏蔽层同时设计为磁通聚集器，它的高磁导率将磁力线聚集在 R_1、R_2 电阻所在的空间，进一步提高了 R_1、R_2 的磁灵敏度。从图 5-7 的几何结构还可以看出，巨磁电阻被光刻成微米宽度、迂回状的电阻条，以增大其电阻至 kΩ 数量级，使其在较小工作电流下得到合适的电压输出。

图 5-8 是某种 GMR 模拟传感器的磁电转换特性曲线。图 5-9 是磁电转换特性的测量原理图。

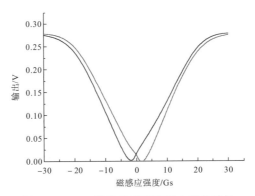

图 5-8　GMR 模拟传感器的磁电转换特性

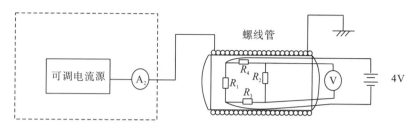

图 5-9 模拟传感器磁电转换特性实验原理图

将 GMR 模拟传感器置于螺线管磁场中，功能切换按钮切换为"传感器测量"。实验仪的 4 V 电压源接至基本特性组件"巨磁电阻供电"，恒流源接至"螺线管电流输入"，基本特性组件"模拟信号输出"接至实验仪电压表。

按表 5-1 中励磁电流数据大小调节励磁电流，逐渐减小磁场强度，将相应的输出电压记录在表格"减小磁场"列中。由于恒流源本身不能提供负向电流，当电流减至 0 后，交换恒流输出接线的极性，使电流反向。再次增大电流 i，此时流经螺线管的电流与磁感应强度的方向为负，从上到下记录相应的输出电压。

电流至-100 mA 后，逐渐减小负向电流，电流到 0 时同样需要交换恒流输出的极性。从下到上将数据记录在表 5-1"增大磁场"列中。

表 5-1 GMR 模拟传感器磁电转换特性的测量

电桥电压 4 V

磁感应强度/Gs		输出电压/mV	
励磁电流/mA	磁感应强度/ Gs	减小磁场	增大磁场
100			
90			
80			
70			
60			
50			
40			
30			
20			
10			
5			
0			
-5			
-10			
-20			

续表

磁感应强度/Gs	输出电压/mV
-30	
-40	
-50	
-60	
-70	
-80	
-90	
-100	

理论上讲，外磁场为零时，GMR 传感器的输出应为零，但由于半导体工艺的限制，4 个桥臂电阻值不一定完全相同，导致外磁场为零时输出不一定为零，在有的传感器中可以观察到这一现象。

根据螺线管上标明的线圈密度，由式(5-1)计算出螺线管内的磁感应强度 B。以磁感应强度 B 为横坐标，电压表的读数为纵坐标绘出磁电转换特性曲线。不同外磁场强度时输出电压的变化反映了 GMR 传感器的磁电转换特性，同一外磁场强度下输出电压的差值反映了材料的磁滞特性。

2. GMR 磁阻特性测量

为加深对巨磁电阻效应的理解，我们对构成 GMR 模拟传感器的磁阻进行测量。将基本特性组件的功能切换按钮切换为"巨磁阻测量"，此时被磁屏蔽的两个电桥电阻 R_3、R_4 被短路，而 R_1、R_2 并联。将电流表串联进电路中，测量不同磁场时回路中电流的大小，就可以计算磁阻。测量原理如图 5-10 所示。

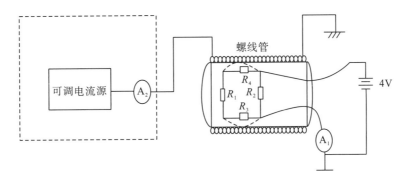

图 5-10 磁阻特性测量原理图

将 GMR 模拟传感器置于螺线管磁场中，功能切换按钮切换为"巨磁阻测量"。实验仪的 4 V 电压源串联电流表后，接至基本特性组件"巨磁电阻供电"，恒流源接至"螺线管电流输入"。

按表 5-2 中励磁电流数据大小，调节励磁电流，逐渐减小磁场强度，记录相应的磁阻电流于表格"减小磁场"列中。由于恒源流本身不能提供负向电流，当电流减至 0 后，交换恒流输出接线的极性，使电流反向。再次增大电流，此时流经螺线管的电流与磁感应强度的方向为负，从上到下记录相应的输出电压。

电流至-100 mA 后，逐渐减小负向电流，电流到 0 时同样需要交换恒流输出接线的极性。从下到上将数据记录在表 5-2 "增大磁场"列中。

表 5-2　GMR 磁阻特性的测量

磁阻两端电压 4 V

磁感应强度/Gs		磁阻/Ω			
		减小磁场		增大磁场	
励磁电流/mA	磁感应强度/ Gs	磁阻电流/mA	磁阻/Ω	磁阻电流/mA	磁阻/Ω
100					
90					
80					
70					
60					
50					
40					
30					
20					
10					
5					
0					
−5					
−10					
−20					
−30					
−40					
−50					
−60					
−70					
−80					
−90					
−100					

根据螺线管上标明的线圈密度，由式(5-1)计算出螺线管内的磁感应强度 *B*。由欧姆定律 *R=U/I* 计算磁阻。以磁感应强度 *B* 为横坐标，磁阻为纵坐标做出磁阻特性曲线。

应该注意，由于模拟传感器的两个磁阻是位于磁通聚集器中，与图 5-3 中我们绘出的磁阻曲线相比斜率大了约 10 倍，磁通聚集器结构使磁阻灵敏度大大提高。

不同外磁场强度时磁阻的变化反映了 GMR 的磁阻特性，同一外磁场强度的差值反映了材料的磁滞特性。

3. GMR 开关(数字)传感器的磁电转换特性曲线测量

将 GMR 模拟传感器与比较电路、晶体管放大电路集成在一起，就构成 GMR 开关(数字)传感器，结构如图 5-11 所示。

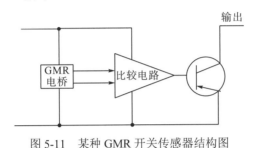

图 5-11 某种 GMR 开关传感器结构图

比较电路的功能是，当电桥电压低于比较电压时，输出低电平；当电桥电压高于比较电压时，输出高电平。选择适当的 GMR 电桥并结合调节比较电压，可调节开关传感器开关点对应的磁场强度。

图 5-12 为 GMR 开关传感器磁电转换特性曲线。当磁场强度的绝对值从低增加到 12 Gs 时，开关打开(输出高电平)，当磁场强度的绝对值从高减小到 10 Gs 时，开关关闭(输出低电平)。

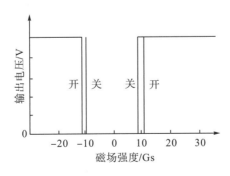

图 5-12 GMR 开关传感器磁电转换特性

将 GMR 模拟传感器置于螺线管磁场中，功能切换按钮切换为"传感器测量"。实验仪的 4 V 电压源接至基本特性组件"巨磁电阻供电"，"电路供电"接口接至基本特性组件对应的"电路供电"输入插孔,恒流源接至"螺线管电流输入",基本特性组件"开关信号输出"接至实验仪电压表。

从 50 mA 逐渐减小励磁电流,输出电压从高电平(开)转变为低电平(关)时记录相应的励磁电流于表 5-3"减小磁场"列中。当电流减至 0 后,交换恒流输出接线的极性,使电流反向。再次增大电流,此时流经螺线管的电流与磁感应强度的方向为负,输出电压由低电平(关)转变为高电平(开)时将相应的正值励磁电流记录在表 5-3"减小磁场"列中。将电流调至-50 mA。

逐渐减小负向电流,输出电压从高电平(开)转变为低电平(关)时记录相应的负值励磁电流于表 5-3"增大磁场"列中,电流到 0 时同样需要交换恒流输出接线的极性。输出电压从低电平(关)转变为高电平(开)时将相应的正值励磁电流记录在表 5-3"增大磁场"列中。

表 5-3 GMR 开关传感器的磁电转换特性测量

高电平=   V   低电平=   V

减小磁场			增大磁场		
开关动作	励磁电流/mA	磁感应强度/Gs	开关动作	励磁电流/mA	磁感应强度/Gs
关			关		–
开			开		

根据螺线管上标明的线圈密度,由式(5-1)计算出螺线管内的磁感应强度 B。以磁感应强度 B 为横坐标,电压读数为纵坐标绘出开关传感器的磁电转化特性曲线。

利用 GMR 开关传感器的开关特性已制成各种接近开关,当磁性物体(可在非磁性物体上贴磁条)接近传感器时就会输出开关信号。它广泛应用在工业生产及汽车、家电等日常生活用品中,控制精度高,在恶劣环境(如高低温、振动等)下仍能正常工作。

4. 用 GMR 模拟传感器测量电流

从图 5-8 可见,GMR 模拟传感器在一定的范围内输出电压与磁场强度呈线性关系,且灵敏度高,线性范围大,可以方便地将 GMR 制成磁场计,测量磁场强度或其他与磁场相关的物理量。作为应用示例,我们用它来测量电流。

由理论分析可知,通有电流 I 的无限长直导线,与导线距离为 r 的一点的磁感应强度为

$$B = \mu_0 I/(2\pi r) = 2I \times 10^{-7}/r \tag{5-3}$$

由式(5-3)可知,磁场强度与电流成正比,在 r 已知的条件下,测得 B,就可知 I。

在实际应用中,为了使 GMR 模拟传感器工作在线性区,提高测量精度,还常常预先给传感器施加一固定已知磁场,称为磁偏置,其原理类似于电子电路中的直流偏置。模拟传感器测量电流的实验原理见图 5-13。

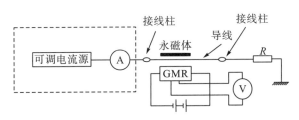

图 5-13 模拟传感器测量电流实验原理图

实验仪 4 V 电压接至电流测量组件"巨磁电阻供电",恒流源接至"待测电流输入",电流测量组件"信号输出"接至实验仪电压表。

将待测电流调至 0。将偏置磁铁转到远离 GMR 传感器,调节磁铁与传感器的距离,使输出电压约 25 mV。

将电流增大到 300 mA,按表 5-4 中的数据逐渐减小待测电流,从左到右将相应的输出电压记录在表格"减小电流"行中。由于恒流源本身不能提供负向电流,当电流减小至 0 后,交换恒流输出接线的极性,使电流反向。再次增大电流,此时电流方向为负,记录相应的输出电压。

表 5-4 用 GMR 模拟传感器测量电流

待测电流/mA			300	200	100	0	-100	-200	-300
输出电压 /mV	低磁偏置 (约 25 mV)	减小电流							
		增加电流							
	适当磁偏置 (约 150 mV)	减小电流							
		增加电流							

逐渐减小负向待测电流,从右到左将相应的输出电压记录在表格"增加电流"行中。当电流减至 0 后,交换恒流输出接线的极性,使电流反向。再次增大电流,此时电流方向为正,记录相应的输出电压。

将待测电流调至 0。将偏置磁铁转到接近 GMR 传感器,调节磁铁与传感器的距离,使输出电压约 150 mV。

用低磁偏置时同样的实验方法,测量适当的磁偏置时待测电流与输出电压的关系。以电流读数为横坐标,电压表的读数为纵坐标作图,分别做出 4 条曲线。

由测量数据及所做图形可以看出,适当磁偏置时线性较好,斜率(灵敏度)较高。由于待测电流产生的磁场远小于偏置磁场,磁滞对测量的影响也较小,根据输出电压的大小就可以确定待测电流的大小。

用 GMR 传感器测量电流不用将测量仪器接入电路,不会对电路工作产生干扰,既可测量直流,也可测量交流,具有广阔的应用前景。

【注意事项】

(1)由于巨磁阻传感器具有磁滞现象，因此，在实验中，恒流源只能单方向调节，不可回调。否则测得的实验数据将不准确。实验表格中的电流只是作为一种参考，实验时以实际显示的数据为准。

(2)实验过程中，实验环境不得处于强磁场中。

【思考题】

1. 什么是巨磁电阻效应？巨磁电阻结构组成有什么特点？

2. 试分析不同磁偏置影响电流测量灵敏度的原因是什么？

3. 什么是巨磁电阻效应的两电流模型？

【参考资料】

成都世纪中科仪器有限公司.巨磁电阻效应及应用实验仪实验指导及操作说明书.

赖武彦，2007.巨磁电阻引发硬盘的高速发展——2007 年诺贝尔物理学奖简介[J].自然杂志，29(6)：
    348-352.

吴镝，都有为，2007.巨磁电阻效应的原理及其应用[J].自然杂志，29(6)：322-327.

邢定钰，2005.自旋输运和巨磁电阻[J].物理，34(5)：348-361.

实验 6　密立根油滴实验

【引言】

油滴实验是近代物理学中测量基本电荷 e(也称元电荷)的一个经典实验,该实验是由美国著名实验物理学家密立根(Robert A. Millikan)在前人测定元电荷实验的基础上,用近十年时间,对实验进行深入研究和巧妙设计而完成的。这一实验依据的原理是基本的物理规律,其设计思想简明、巧妙,实验方法简单。由测量平行板两端的电压和油滴的运动时间这两个宏观物理量,来精确测量得到基本电荷这一微观物理量。其结论具有不容置疑的说服力,因此堪称物理实验的精华和典范。

1908 年, 在总结前人实验经验的基础上,密立根在美国芝加哥大学开始研究带电液滴在电场中的运动过程。结果表明,液滴上的电荷是基本电荷的整数倍,但因测量结果不够准确而不具说服力。1910 年,他用油滴代替容易挥发的水滴,获得了比较精确的测量结果。1913 年,密立根宣布了其开创性的研究结果,这一结果具有里程碑的意义:①明确了带电油滴所带的电荷量都是基本电荷的整数倍;②用实验的方法证明了电荷的不连续性;③测出了基本电荷值(从而通过荷质比计算出电子的质量)。此后,密立根又继续改进实验, 提高实验精度,最终获得了可靠的结果(经过很多次的实验,密立根测出的实验数据是 $e=1.5924(17)\times10^{-19}C$,与现在公认的值 $(1.60217733\pm0.00000049)\times10^{-19}C$ 仅相差不到 1%),最早完成了基本电荷的测量工作。这一结果再次证明了电子的存在,使对"电子存在"的观点持怀疑态度的物理学家信服。由于在测定基本电荷值和研究光电效应方面的杰出成就, 1923 年,密立根获得了诺贝尔物理学奖。

【实验目的】

(1)学习密立根油滴实验的精妙设计思想,掌握实验原理,加深对电荷"量子性"的理解。

(2)熟悉实验仪器结构,通过对实验仪器的调整,油滴的选择、跟踪和测量以及实验数据处理等,培养学生严谨的科学实验态度。

(3)掌握测量方法,通过分析带电油滴在静电场和重力场中的运动情况,测定基本电荷的电量。

【实验原理】

密立根油滴实验测量基本电荷的基本设计思想是使带电油滴处在两金属极板之间,在电场力、重力及在空气中运动时受到的黏滞阻力作用下处于受力平衡状态。通过测量所加平衡电压及匀速运动时的速度,测得带电油滴所带的电荷量,从而获得元电荷的电荷量大小。按运动方式分类,可分为平衡测量法和动态测量法。

1. 平衡测量法

平衡测量法的出发点是使油滴在均匀电场中静止在某一位置,或在重力场中做匀速运动。用喷雾器将油滴喷入两块水平放置的平行板之间,油滴在喷射时由于摩擦一般都是带电的。对油滴所带电荷量 q 的测量的设计思想是:使带电油滴在测量范围内处于受力平衡状态,最终以力 F 这个物理量作为桥梁,转化为对油滴运动的位移 l 和运动时间 t_g 的测量。

如图 6-1 所示,如果在距离为 d 的平行板间加电压 U,调节电压大小,可以使油滴在电场中处于静止状态,此时,油滴在两极板间受到电场力 qE 和重力 mg 的作用达到平衡,从而静止在某一位置,即

$$mg = qE = q\frac{U}{d} \tag{6-1}$$

即

$$q = mg\frac{d}{U} \tag{6-2}$$

根据式(6-2)可以看出,要测得油滴的带电量 q,除了应测出两平行板间电压 U 和距离 d 外,还需测出油滴的质量 m。而由于油滴非常小,它的质量约在 $10^{-15}\,\mathrm{kg}$ 数量级,用常规的测量方法是无法测量的。

当平行极板不加电压时,即电压 $U=0$ 时,油滴受重力的作用而加速下落,由于下落过程中受到空气阻力的作用,下落很小一段距离后,油滴将做匀速运动,速度为 v_g。这时油滴所受重力与阻力(空气浮力不计)平衡,如图 6-2 所示。

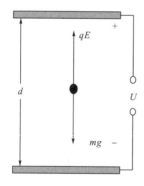
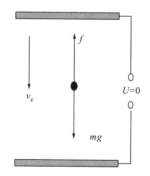

图 6-1　油滴平衡静止时的受力分析　　　图 6-2　不加电场时油滴的受力分析

根据斯托克斯定律,黏滞阻力 $f = 6\pi r\eta v_g$,根据受力平衡条件有

$$mg = f = 6\pi r\eta v_g \tag{6-3}$$

式中,η 为空气黏滞系数,大小为 $1.83\times10^{-5}\,\mathrm{kg\cdot m^{-1}\cdot s^{-1}}$;$r$ 为油滴半径。

由于表面张力的作用,微小的油滴呈小球状,所以其质量为

$$m = \frac{4}{3}\pi r^3 \rho \tag{6-4}$$

在温度为20℃的条件下，油的密度为981 kg·m^{-3}。

将式(6-4)代入式(6-5)得到油滴的半径为

$$r = \sqrt{\frac{9\eta v_g}{2\rho g}} \tag{6-5}$$

如果在时间t_g内，油滴匀速下降距离为l，则油滴匀速下降的速度$v_g = l/t_g$。

斯托克斯定律是以连续介质为前提的，在实验中，由于油滴半径非常小，大约为10^{-6} m，这时已不能将空气看作连续介质，因此，空气的黏滞系数应做如下修正：

$$\eta' = \frac{\eta}{1 + \frac{b}{pr}} \tag{6-6}$$

式中，b为修正系数，大小为6.17×10^{-6} m·cmHg；p为空气压强，大小为76.0 cmHg；r为未经修正过的油滴半径。

将式(6-5)和式(6-6)代入式(6-4)得

$$m = \frac{4}{3}\pi \left[\frac{9\eta v_g}{2\rho g} \cdot \frac{1}{1 + \frac{b}{pr}}\right]^{\frac{3}{2}} \cdot \rho \tag{6-7}$$

将式(6-7)代入式(6-2)整理后得

$$q = \frac{18\pi}{\sqrt{2\rho g}} \left(\frac{\eta l}{t_g\left(1 + \frac{b}{pr}\right)}\right)^{\frac{3}{2}} \frac{d}{U} \tag{6-8}$$

该式为静态平衡法测量油滴所带电荷的计算公式。

2. 动态测量法

使用动态法测量油滴的带电量时，电场力不再与重力平衡，而是电场力大于重力，让油滴在电场力作用下向上运动，运动过程中，油滴受到电场力、重力和与运动速度成正比的空气阻力作用。运动一段距离后便以速度v_E匀速运动。此时油滴的受力情况为

$$q\frac{U_E}{d} = mg + 6\pi r\eta v_E \tag{6-9}$$

当不加电压时，油滴在重力作用下先加速下降，并达到匀速，此时

$$mg = 6\pi r\eta v_g \tag{6-10}$$

将式(6-10)代入式(6-9)得

$$q = mg \frac{d}{U_E}\left(1 + \frac{v_E}{v_g}\right)$$

如果油滴向上和向下运动时，测量速度取同一段距离 l 记取时间，则上式可写成：

$$q = mg \frac{d}{U_E}\left(1 + \frac{t_g}{t_E}\right)$$

将式(6-7)代入上式整理后得

$$q = \frac{18\pi}{\sqrt{2\rho g}}\left(\frac{\eta l}{t_g\left(1 + \frac{b}{pr}\right)}\right)^{\frac{3}{2}} \frac{d}{U_E}\left(1 + \frac{t_g}{t_E}\right) \tag{6-11}$$

式(6-11)为动态法测量油滴所带电荷的计算公式。

【实验仪器与装置】

1. 实验仪器

ZKY-MLG-6 型 CCD 显微密立根油滴实验仪、喷雾器、钟表油、监视器等。

2. 实验装置

密立根油滴实验仪由主机、CCD 成像系统、油滴盒、监视器等部件组成。其中主机包括可控高压电源、计时装置、A/D 采样、视频处理等单元模块。CCD 成像系统包括 CCD 传感器、光学成像部件等。油滴盒包括高压电极、照明装置、防风罩等部件。监视器是视频信号输出设备。仪器部件示意如图 6-3 所示。

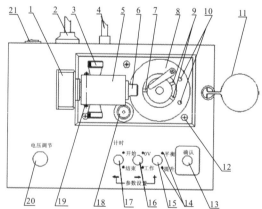

1. CCD 盒；2. 电源插座；3. 调焦旋钮；4. Q9 视频接口；5. 光学系统；6. 镜头；
7. 观察孔；8. 上极板压簧；9. 进光孔；10. 光源；11. 油滴管收纳盒安放环；12. 调平螺钉；
13. 确认键；14. 状态指示灯；15. 平衡/提升切换键；16. 0 V/工作切换键；17. 计时开始/结束切换键；
18. 水准泡；19. 紧定螺钉；20. 电压调节旋钮；21. 电源开关

图 6-3　密立根油滴实验仪部件示意图

CCD 模块及光学成像系统用来捕捉暗室中油滴的像，同时将图像信息传给主机的视频处理模块。实验过程中可以通过调焦旋钮来改变物距，使油滴的像清晰地呈现在 CCD 传感器的窗口内。

电压调节旋钮可以调整极板之间的电压大小，用来控制油滴的平衡、下落及提升。

"开始/结束"按键用来计时；"0 V/工作"按键用来切换仪器的工作状态；"平衡/提升"按键可以切换油滴平衡或提升状态；"确认"按键可以将测量数据显示在屏幕上，从而省去了每次测量完成后手工记录数据的过程，使操作者把更多的注意力集中到实验本质上来。

油滴盒是一个关键部件，其具体构成如图 6-4 所示。

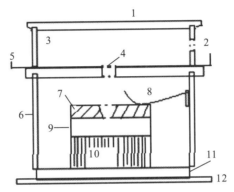

1. 上盖板；2. 喷雾口；3. 油雾杯；4. 落油孔；5. 进油量开关；

6. 防风罩；7. 上极板；8.上极板压簧；9.油滴室

10. 下极板；11. 油滴盒基座；12. 座架

图 6-4 油滴盒装置示意图

上、下极板之间通过胶木圆环支撑，三者之间的接触面经过机械精加工后可以将极板间的不平行度、间距误差控制在 0.01 mm 以下；这种结构基本上消除了极板间的"势垒效应"及"边缘效应"，较好地保证了油滴室处在匀强电场之中，从而有效地减小了实验误差。

胶木圆环上开有两个进光孔和一个观察孔，光源通过进光孔给油滴室提供照明，而成像系统则通过观察孔捕捉油滴的像。照明由带聚光的高亮发光二极管提供，其使用寿命长、不易损坏；油雾杯可以暂存油雾，使油雾不会过早地散逸；进油量开关可以控制落油量；防风罩可以避免外界空气流动对油滴的影响。

【实验内容及操作】

1. 油滴实验仪的调节

学习控制油滴在视场中的运动，并选择合适的油滴测量元电荷。要求至少测量 5 个不同的油滴，每个油滴测量 5 次。

1) 水平调整

调整实验仪主机的调平螺钉旋钮，直到水准泡正好处于中心位置。

2) 喷雾器调整

将少量钟表油缓慢倒入喷雾器的储油腔内，使钟表油淹没提油管下方，油不要太多，以免实验过程中不慎将油倾倒至油滴盒内堵塞落油孔。将喷雾器竖起，用手挤压气囊，使得提油管内充满钟表油。

3) 仪器硬件接口连接

主机接线：电源线接交流 220 V/50 Hz。

监视器：视频线缆输入端接"VIDEO"，另一 Q9 端接主机"视频输出"。DC12V适配器电源线接 220 V/50 Hz 交流电压。前面板调整旋钮自左至右依次为显示开关、返回键、方向键、菜单键(建议亮度调整为 20、对比度调整为 100)。

4) 油滴实验仪联机使用

(1) 打开实验仪电源及监视器电源，监视器出现仪器名称及研制公司界面。

(2) 按主机上任意键：监视器出现参数设置界面，首先，设置实验方法，然后根据该地的环境适当设置重力加速度、油密度、大气压强、油滴下落距离。"←"表示左移键，"→"表示为右移键，"+"表示数据设置键。

(3) 按确认键后出现实验界面：计时"开始/结束"键为结束，"0 V/工作"键为 0 V，"平衡/提升"键为平衡。

5) CCD 成像系统调整

打开进油量开关，从喷雾口喷入油雾，此时监视器上应该出现大量运动油滴的像。若没有看到油滴的像，则需调整调焦旋钮或检查喷雾器是否有油雾喷出。

2. 熟悉实验界面

在完成参数设置后，按确认键，监视器显示实验界面。不同的实验方法的实验界面有一定差异。

极板电压：实际加到极板的电压，显示范围为 0~1999 V。

计时时间：计时开始到结束所经历的时间，显示范围为 0~99.99 s。

电压保存提示：将要作为结果保存的电压，每次完整的实验后显示。当保存实验结果后(即按下确认键)自动清零。

保存结果显示：显示每次保存的实验结果，共 5 次，显示格式与实验方法有关。当需要删除当前保存的实验结果时，按下确认键 2 s 以上，当前结果被清除(不能连续删)。

下落距离：显示设置的油滴下落距离。当需要更改下落距离的时候，按住平衡/提升键 2 s 以上，此时距离设置栏被激活，通过"+"键(即平衡/提升键)修改油滴下落距离，然后按确认键确认修改，距离标志相应变化。

距离标志：显示当前设置的油滴下落距离，在相应的格线上做数字标记，显示范围为

0.2～1.8 mm。垂直方向视场范围为 2 mm，分为 10 格，每格 0.2 mm。

实验方法：在参数设置界面设定当前的实验方法（平衡法或动态法），欲改变实验方法，只有重新启动仪器。对于平衡法，实验方法栏仅显示"平衡法"字样；对于动态法，实验方法栏除了显示"动态法"以外，还显示即将开始的动态法步骤。如将要开始动态法第一步（油滴下落），实验方法栏显示"1 动态法"。同样，做完动态法第一步，即将开始第二步时，实验方法栏显示"2 动态法"。

3. 选择适当的油滴并练习控制油滴（以平衡法为例）

1）选择合适的油滴

根据油滴在电场中的受力平衡公式 $qU/d = 4\pi r^3 \rho g/3$ 以及多次实验的经验，当油滴的实际半径在 0.5～1 μm 时最为适宜。若油滴过小，布朗运动影响明显，平衡电压不易调整，时间误差也会增加；若油滴过大，下落太快，时间相对误差增大，且油滴带多个电子的概率增加，希望合适的油滴最好带 1～5 个电子。

操作方法：三个参数设置按键分别为"结束""工作""平衡"状态，平衡电压调为约 200 V。喷入油滴，调节调焦旋钮，使屏幕上显示大部分油滴，可见带电多的油滴迅速上升并出视场，不带电的油滴下落并出视场，约 10 s 后油滴减少。选择上升缓慢的油滴作为暂时的目标油滴，切换"0 V/工作"键，这时极板间的电压为 0 V，在暂时的目标油滴中选择下落速度为 0.2～0.5 格/s 的作为最终的目标油滴，调节调焦旋钮使该油滴最小最亮。

2）平衡电压的确认

目标油滴聚焦到最小最亮后，仔细调整平衡时的"电压调节"按键使油滴平衡在某一格线上，等待一段时间（大约两分钟），观察油滴是否飘离格线。若油滴始终向同一方向飘离，则需重新调整平衡电压；若其基本稳定在格线或只在格线上下做轻微的布朗运动，则可以认为油滴达到了力学平衡，这时的电压就是平衡电压。

3）控制油滴的运动

将油滴平衡在屏幕顶端的第一条格线上，将工作状态按键切换至"0 V"，绿色指示灯点亮，此时上、下极板同时接地，电场力为零，油滴在重力、空气阻力的作用下作下落运动。油滴是先经一段变速运动，然后变为匀速运动，但变速运动的时间非常短（小于 0.01 s，与计时器的精度相当），所以可以认为油滴是立即匀速下落的。

当油滴下落到有 0 标记的格线时，立刻按下"计时"键，计时器开始记录油滴下落的时间；待油滴下落至有距离标志（例如：1.6）的格线时，再次按下计时键，计时器停止计时，此时油滴停止下落。"0 V/工作"按键自动切换至"工作"，"平衡/提升"按键处于"平衡"，可以通过"确认"键将此次测量数据记录到屏幕上。

将"平衡/提升"按键切换至"提升"，这时极板电压在原平衡电压的基础上增加约 200 V 的电压，油滴立即向上运动，待油滴提升到屏幕顶端时，切换至"平衡"，找平衡电压，进行下一次测量。每颗油滴共测量 5 次，系统会自动计算出这颗油滴的电荷量。

4. 正式测量

1)平衡法

(1)开启电源，进入实验界面，将工作状态按键切换至"工作"，"平衡/提升"按键置于"平衡"。将平衡电压预置为 200 V 左右，喷入油雾，选取合适的油滴，仔细调整平衡电压 U，使其平衡在起始(最上面)格线上。

(2)将"0 V/工作"状态按键切换至"0 V"，此时油滴开始下落，当油滴下落到有"0"标记的格线时，按下计时开始键。当油滴下落至有距离标记的格线时(例如：1.6)，按下计时结束键，油滴立即静止。按"确认"键，将此次测量的平衡电压和匀速下落时间结果记录在监视器屏幕上。

(3)将"平衡/提升"键置于"提升"，油滴向上运动，当高于"0"标记格线时，将"平衡/提升"键切换至平衡状态，重新调整平衡电压。(注意：如果此处的平衡电压发生了突变，则该油滴得到或失去了电子。重新开始喷入油雾，寻找油滴。)

(4)重复以上的步骤。并将数据记录到屏幕上。当 5 次测量完成后，按"确认"键，系统将计算 5 次测量的平均平衡电压和平均匀速下落时间，自动计算并显示出油滴的电荷量 q。寻找 5 颗油滴，并测量每颗油滴的电荷量 q_i。

2)动态法

(1)动态法分两步完成，第一步是油滴下落过程，其操作同平衡法，测量匀速下落过程油滴的运动时间。

(2)第一步完成后，油滴处于距离标志格线以下。调节"电压调节"旋钮加大电压，使油滴上升，当油滴到达"1.6"标志格线时，开始计时；当油滴上升到"0"标记格线时，计时停止，按下"确认"键保存本次实验结果。

(3)重复以上步骤完成 5 次实验，然后按下"确认"键，分别测出下落时间、提升时间及提升电压，代入式(6-11)即可求得油滴带电量 q_i。

5. 数据处理

可以用计算法和作图法处理实验数据。

(1)计算法：至少测量 5 颗油滴，测量出每颗油滴的电荷量 q_i，再用 q_i 除以元电荷的理论值，对商四舍五入取整后得到每颗油滴所带电子个数 n_i；再用电荷量除以所带电子个数 (q_i / n_i)，得到每次测量的基本电荷，再求出 n 次测量的元电荷的平均值，然后与理论值比较，求百分误差及不确定度。

(2)作图法：得到 q_i 和对应的 n_i 后，以 q 为纵坐标，n 为横坐标作图，拟合得到的直线斜率即为基本电荷测量值，然后与理论值比较，求百分误差及不确定度。

【注意事项】

(1) CCD 盒、紧定螺钉、摄像镜头的机械位置不能变更，否则会对像距及成像角度造成影响。

(2) 注意调整进油量开关，应避免外界空气流动对油滴测量造成影响。

(3) 仪器内有高压，实验人员避免用手接触电极。

【思考题】

1. 该实验中，如果选用蒸馏水代替钟表油，效果会怎么样？

2. 该实验中应该选择什么样的油滴来进行测量，为什么？

3. 如何判断油滴盒内两平行极板是否水平？如果不水平对实验有何影响？

4. 对实验结果造成影响的主要因素有哪些？

【参考文献】

成都世纪中科仪器有限公司. 光电效应(普朗克常数)实验仪指导及操作说明书.

李治学，2007. 近代物理实验[M]. 北京：科学出版社.

高铁军，孟祥省，王书运，2009. 近代物理实验[M]. 北京：科学出版社.

王克强，潘玲珠，2006. 通用物理实验[M]. 广州：中山大学出版社.

郑庚兴，王和平，2006. 大学物理实验[M]. 上海：上海科学技术文献出版社.

实验 7　弗兰克-赫兹实验

【引言】

1911 年，卢瑟福(E. Rutherford)根据 α 粒子散射实验，提出了原子核模型。1913 年，丹麦物理学家玻尔(N. Bohr)将普朗克假说应用于当时人们尚未接受的卢瑟福原子核结构模型上，并提出了原子结构的量子理论，成功地解释了氢原子光谱，为量子力学的创建起到了巨大的推动作用。但玻尔理论的定态假设与经典电动力学明显对立，而频率定则带有浓厚的人为因素，故当时很难为人们所接受。并且，任何重要的物理规律都必须得到实验的验证，正是在这样的历史背景下，在 1914 年，德国实验物理学家弗兰克(J. Frank)和他的助手赫兹(G. Hertz)采用慢电子与稀薄气体原子碰撞的方法，利用两者的非弹性碰撞将原子激发到较高能态，通过测量发现在充汞的放电管中，透过汞蒸气的电子流随电子的能量变化呈现有规律性的变化，能量间隔为 4.9 eV。由此，他们提出了临界电势——原子能级的概念，用实验直接验证了原子能级的存在，验证了频率定则，从而为玻尔原子理论提供了独立于光谱研究方法的直接的实验证明。由于这项卓越的成就，1925 年，这两位物理学家共同获得了诺贝尔物理学奖。

弗兰克-赫兹实验方法简单，构思巧妙，体现了电子与原子碰撞的微观过程与实验中的宏观量是相联系的，至今仍然是探索原子内部结构的主要手段之一。所以在近代物理实验中，仍把它作为传统的经典实验。

【实验目的】

(1)学习弗兰克-赫兹研究原子内部能量量子化的基本思想和实验方法。
(2)测量氩原子的第一激发电位和第一激发态光谱波长，加深对原子能级的理解。
(3)掌握电子与原子碰撞和能量交换过程的微观图像和影响这个过程的主要物理因素。

【实验原理】

1. 激发电势

玻尔提出的原子理论指出：

(1)原子只能较长久地停留在一些稳定状态(简称定态)，在这些状态时，不发射或吸收能量；各定态有一定的能量，其数值是彼此分立的，这些能量值称为能级，最低能级所对应的状态称为基态，其他高能级所对应的状态称为激发态。原子的能量不论通过什么方式发生改变，它只能从一个定态跃迁到另一个定态。

（2）原子从一个定态跃迁到另一个定态而发射或吸收辐射时，辐射频率是一定的。如果用 E_m 和 E_n 表示有关两定态的能量，辐射的频率 ν 由如下关系确定：

$$h\nu = E_m - E_n \tag{7-1}$$

式中，h 为普朗克常数，其值为 6.6260×10^{-34} J·s。

为了使原子从低能级向高能级跃迁，可以通过具有一定能量的电子与原子相碰撞进行能量交换的方法实现，也可以通过吸收具有一定频率 ν 的光子来实现。本实验采用前一种方法。

设初速度为零的电子在电势差为 U_0 的加速电场作用下，获得 eU_0 的能量。当具有这种能量的电子与稀薄气体的原子(如氩原子或者汞原子)发生碰撞时，就会进行能量交换。在充氩气的弗兰克-赫兹管中。如果以 E_0 表示氩原子的基态能量，E_1 表示其第一激发态的能量，那么当电子与氩原子相碰撞时，氩原子吸收从电子传递的能量恰好为

$$eU_0 = E_0 - E_1 \tag{7-2}$$

则氩原子就会从基态跃迁到第一激发态，而相应的电势差 U_0 称为氩原子的第一激发电势(或称氩原子的中肯电势)。测量出该电势差 U_0，就测出了氩原子的基态和第一激发态之间的能量差。其他元素气体原子的第一激发电势也可以按照这种方法测量得到。

1914 年，弗兰克和赫兹首次用慢电子轰击汞蒸气中汞原子的实验方法，测定了汞原子的第一激发电势。

2. 弗兰克-赫兹实验的物理过程

本实验的工作原理如图 7-1 所示，采用的是充氩四极弗兰克-赫兹管，电子由热阴极 K 发出，阴极 K 和栅极 G_2 之间的加速电压 U_{G_2K} 使电子加速。在极板 P 和栅极 G_2 之间加有反向拒斥电压 U_{G_2P}。

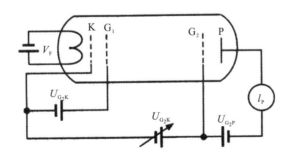

图 7-1　弗兰克-赫兹实验原理图

忽略空间电荷分布后，管内空间电位分布如图 7-2 所示。当电子通过 KG_2 空间进入 G_2P 空间时，如果有较大的能量($\geqslant eU_{G_2P}$)，就能冲过反向拒斥电场而到达板极 P 形成

板极电流，被微电流计 μA 表检出。如果电子在 KG_2 空间与氩原子碰撞，把自己一部分能量传给氩原子而使后者激发的话，电子本身所剩余的能量就很小，以致通过第二栅极 G_2 后已不足以克服拒斥电场而被折回到第二栅极，这时，通过微电流计 μA 表的电流将显著减小。

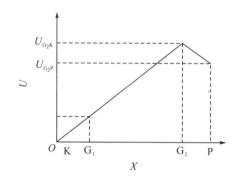

图 7-2　管内空间电位分布

实验时，使 U_{G_2K} 电压逐渐增加并仔细观察电流计的电流指示，如果原子能级确实存在，而且基态和第一激发态之间有确定的能量差的话，就能观察到如图 7-3 所示的 $I_P - U_{G_2K}$ 曲线。

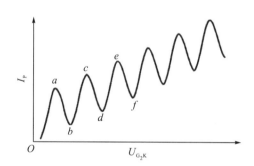

图 7-3　弗兰克-赫兹管的 $I_P - U_{G_2K}$ 关系曲线

图 7-3 所示的曲线反映了氩原子在 KG_2 空间与电子进行能量交换的情况。当 KG_2 空间电压逐渐增加时，电子在 KG_2 空间被加速而获得越来越大的能量。但起始阶段，由于电压较低，电子的能量较少，即使在运动过程中与原子相碰撞也只有微小的能量交换（为弹性碰撞）。穿过第二栅极的电子所形成的板极电流 I_P 将随第二栅极电压 U_{G_2K} 的增加而增大（如图中的 Oa 段）。当 KG_2 空间的电压达到氩原子的第一激发电位 U_0 时，电子在第二栅极附近与氩原子相碰撞为非弹性碰撞，将自己从加速电场中获得的全部能量交给后者，并且使后者从基态激发到第一激发态。而电子本身由于把全部能量给了氩原子，即使穿过了第二栅极也不能克服反向拒斥电场而被折回第二栅极（被筛选掉）。所以板极电流将显著

减小(图中所示 *ab* 段)。随着第二栅极电压的增加，电子的能量也随之增加，在与氩原子相碰撞后还留下足够的能量，可以克服反向拒斥电场而达到板极 P，这时电流又开始上升(*bc* 段)。直到 KG_2 空间电压是氩原子的第一激发电位的两倍时，电子在 KG_2 空间又会因二次碰撞而失去能量，因而又会造成第二次板极电流的下降(*cd* 段)，同理，凡在

$$U_{G_2K} = n\, U_0 \quad (n=1,2,3,\cdots) \tag{7-3}$$

的地方，板极电流 I_P 都会相应下跌，形成规则起伏变化的 $I_P - U_{G_2K}$ 曲线。而各次板极电流 I_P 下降相对应的阴极、栅极电压差 $U_{n+1} - U_n$ 应该是氩原子的第一激发电势 U_0。本实验就是要通过实际测量来证实原子能级的存在，并测出氩原子的第一激发电势(公认值为 U_0=11.55 V)。

原子处于激发态是不稳定的。在实验中被慢电子轰击到第一激发态的原子要跳回基态，进行这种反跃迁时，就应该有 eU_0 电子伏特的能量发射出来。反跃迁时，原子是以放出光量子的形式向外辐射能量的。这种光辐射的波长为

$$eU_0 = h\nu = h\frac{c}{\lambda} \tag{7-4}$$

对于氩原子：

$$\lambda = \frac{hc}{eU_0} = \frac{6.63\times10^{-34}\times3.00\times10^8}{1.6\times10^{-19}\times11.5}\, m = 1081\,\text{Å}$$

如果弗兰克-赫兹管中充以其他元素，则可以得到它们的第一激发电势(表 7-1)。

表 7-1　几种元素的第一激发电位

元素	Na	K	Li	Mg	Hg	He	Ne
U_0/V	2.12	1.63	1.84	3.2	4.9	21.2	18.6
λÅ	5898 5896	7664 7699	6707.8	4571	2500	584.3	640.2

【实验仪器与装置】

1. 实验仪器

ZKY-FH-2 型弗兰克-赫兹实验仪、示波器、连接线等。

2. 实验装置

1) 弗兰克-赫兹管

弗兰克-赫兹管为实验仪器的核心部分，它采用间热式阴极、双栅极和板极的四极模式，各极都为圆筒状。这种弗兰克-赫兹管内一般充入汞气或氩气，玻璃封装。本实验采用的是充入氩气的弗兰克-赫兹管。

2) 弗兰克-赫兹实验仪前面板

如图 7-4 所示，弗兰克-赫兹实验仪前面板按功能划分为八个区。

区 1：弗兰克-赫兹管各输入电压连接插孔和板极电流输出插座。

区 2：弗兰克-赫兹管所需激励电压的输出连接插孔，其中左侧输出孔为正极，右侧为负极。

区 3：测试电流指示区。四位七段数码管指示电流值；四个电流量程挡位选择按键，用于选择不同的最大电流量程挡；每一个量程选择同时备有一个选择指示灯，指示当前电流量程挡位。

区 4：测试电压指示区。四位七段数码管指示当前选择电压源的电压值；四个电压源选择按键，用于选择不同的电压源；每一个电压源选择都备有一个选择指示灯，指示当前选择的电压源。

区 5：工作状态指示区。通信指示灯指示实验仪与计算机的通信状态；启动按键与工作方式按键共同完成多种操作。

区 6：电源开关。

区 7：调节按键区。用于改变当前电压源电压设定值；设置查询电压点。

区 8：测试信号输入输出区。电流输入插座输入弗兰克-赫兹管板极电流；信号输出和同步输出插座可将信号输送到示波器显示。

图 7-4 弗兰克-赫兹实验仪前面板图

3) 工作电源及扫描电源

灯丝电压：DC 0～6.3 V 连续可调。

第一栅极电压 U_{G_1K}：DC 0～5.0 V。

第二栅极电压 U_{G_2K}：DC 0～85.0 V。

拒斥电压 U_{G_2P}：DC 0～12.0 V。

【实验内容及操作】

1. 实验仪器连线

先不要打开电源，将电源连线插入后面板的电源插座中，各工作电源请按图 7-5 连接，千万不能连错。

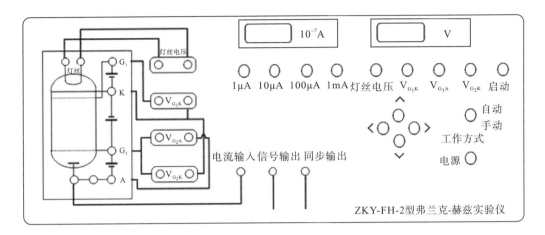

图 7-5　ZKY-FH-2 型弗兰克-赫兹实验仪连线图

根据弗兰克-赫兹管的实验参数调节好灯丝电压、拒斥电压和第一栅极电压。

虽然仪器内置有保护电路，面板连线接错在短时间内不会损坏仪器，但时间稍长会影响仪器的性能甚至损坏仪器，特别是弗兰克-赫兹管，各组工作电源有额定电压限制，应防止由于连线接错对其误加电压而造成损坏，因此在通电前应反复检查面板连线，确认无误后，再打开主机电源。当仪器出现异常时，应立即关断主机电源。

2. 测量 $I_P - U_{G_2K}$ 曲线

1）手动测量

（1）选择"手动"按钮。

（2）按照铭牌要求设置电流计 I_P 的量程、灯丝电压 V_F、第一控制栅极电压 U_{G_1K} 和拒斥电压 U_{G_2P}。

（3）加速电压 U_{G_2K} 从零加速到铭牌的值，步长有 "0.5 V" 和 "1 V" 两种选择，并记录下 $I_P - U_{G_2K}$ 数据。

（4）用直角坐标纸作出 $I_P - U_{G_2K}$ 曲线。

2）自动测量

弗兰克-赫兹实验仪也可以进行自动测试，进行自动测量时，实验仪将自动产生 U_{G_2K} 扫描电压，完成整个测试过程。将示波器与实验仪相连接，在示波器上可以看见弗兰克-赫兹管板极电流 I_P 随电压 U_{G_2K} 变化的波形。

3. 数据处理

（1）自己设计表格，记录实验条件和相应的 $I_P - U_{G_2K}$ 的值。

(2)在坐标纸上作出 $I_P-U_{G_2K}$ 曲线图。

(3)用逐差法处理数据，得到氩的第一激发电势 U_0 的值，并与公认值 U_0=11.55 V 比较，求出测量误差。

(4)根据式(7-4)计算处于激发态的氩原子跳回基态时释放出的波长。

【注意事项】

(1)灯丝电压不宜过高，否则会加快弗兰克-赫兹管老化。

(2) U_{G_2K} 不宜超过 85 V，否则管子易被击穿。

(3)连接各工作电源要正确，确定无误后才能打开电源开关。

【思考题】

1. 实验测量的 $I_P-U_{G_2K}$ 曲线中，为什么阳极电流 I_P 在激发电位 U_0、$2U_0$、…处其变化是缓慢的而不是突然下降的？

2. 什么是原子的第一激发电势？它与临界能量有什么关系？

3. 在 $I_P-U_{G_2K}$ 曲线中，第一个峰值对应的 U_{G_2K} 是否为氩原子的第一激发电势？为什么？

4. 在弗兰克-赫兹管内为什么要在板极和栅极之间加上反向拒斥电压？

【参考文献】

成都世纪中科仪器有限公司. 光电效应(普朗克常数)实验仪指导及操作说明书.

戴乐山，戴道宣，1995. 近代物理实验[M]. 上海：复旦大学出版社.

高铁军，孟祥省，王书运，2009. 近代物理实验[M]. 北京：科学出版社.

李治学，2007. 近代物理实验[M]. 北京：科学出版社.

杨福家，1990. 原子物理学[M]. 北京：高等教育出版社.

第三章　磁共振技术

　　磁共振是指磁矩不为零的微观粒子处在稳恒磁场中，受到磁场的作用对电磁辐射能的共振吸收现象。从引起共振的介质角度来看，磁共振分为核磁共振、电子自旋共振、铁磁共振和光磁共振等。磁共振是在固体微观量子理论和无线电微波电子学技术发展的基础上被发现的。1945 年，首先在顺磁性 Mn 盐水溶液中观测到顺磁共振，1946 年又分别用吸收和感应方法发现了石蜡和水中质子的核磁共振；用波导谐振腔方法发现了 Fe、Co、Ni 薄片的铁磁共振。1950 年，在室温附近观测到固体 Cr_2O_3 的反铁磁共振。

　　20 世纪 30 年代末，磁共振现象已经被人们发现，之后的几十年中，由于实验技术及实验条件的限制，其发展比较缓慢。近二十年来，随着微观实验技术、电子领域技术以及计算机信息技术的发展，磁共振技术得到飞速发展和广泛应用。由于磁共振技术可以在不破坏样品的情况下确定物质的化学结构及某种成分的密度分布，所以其应用已迅速扩展到物理、化学、医疗、生物工程、量子电子学、石油勘探与分析、材料科学等方面，成为分析生物大分子复杂结构和诊断病情最强有力的方法之一。鉴于此，本章安排了四个磁共振实验，通过这些实验了解磁共振的原理及其在科学研究和生产生活中的应用。

实验 8　核 磁 共 振

【引言】

核磁共振(nuclear magnetic resonance，NMR)是磁矩不为零的原子核，在恒定磁场中产生塞曼能级分裂，并共振吸收某一定频率的射频场或微波电磁场的物理现象。该现象首先由美国物理学家拉比(I. I. Rabi)于 1939 年观察到，并用于精确测量氢核磁矩，为此他获得了 1944 年诺贝尔物理学奖。1946 年，美国物理学家珀塞尔(Purcell) 和布洛赫(Bloch)提出并实现了在宏观物体中直接观察核磁共振的实验技术，二人也因此分享了 1952 年的诺贝尔物理学奖。此后，核磁共振技术在半个世纪以来得到了迅速发展。核磁共振方法不仅可以测量原子的核磁矩，研究核结构、磁场，还可以获得原子核所在环境的相关信息。例如 1977 年研制成功的人体核磁共振断层扫描仪(NMR—CT)，因能获得人体软组织的清晰图像而成功用于人体肿瘤、头部疾病等许多疑难病症的临床诊断。由于核磁共振具有方法易实现、测量精度高、涉及机理面广等优点，该技术目前已在物理、化学、生物学、矿物学、医学等领域获得了广泛应用。

【实验目的】

(1)了解核磁共振的基本原理。
(2)掌握稳态核磁共振吸收现象的观察方法。
(3)由共振条件直接测定氢核(^{1}H)或氟核(^{19}F)等的 g 因子、旋磁比 γ 及核磁矩 μ。

【实验原理】

1. 核磁共振产生的基本原理

我们先来看经典理论分析，一原子核，自旋角动量为 P，具有磁矩 $\mu = \gamma P$，其中 γ 称为旋磁比。将其放置于恒定外磁场 B_0 中，原子核会受到一力矩

$$L = \mu \times B_0 \tag{8-1}$$

的作用，根据力学原理 $\dfrac{\mathrm{d}P}{\mathrm{d}t} = L$ 和 $\mu = \gamma P$，有运动方程：

$$\frac{\mathrm{d}\mu}{\mathrm{d}t} = \gamma \mu \times B_0 \tag{8-2}$$

取 B_0 方向为 z 轴方向，则分量表达式为

$$\begin{cases} \dfrac{d\mu_x}{dt} = \gamma B_0 \mu_y \\ \dfrac{d\mu_y}{dt} = -\gamma B_0 \mu_x \\ \dfrac{d\mu_z}{dt} = 0 \end{cases} \tag{8-3}$$

其解可表示为

$$\begin{cases} \mu_x = A\cos(\gamma B_0 t + \varphi) \\ \mu_y = -A\sin(\gamma B_0 t + \varphi) \\ \mu_z = C \end{cases} \tag{8-4}$$

其中，φ、A 和 C 为待定常数。由此得出，在恒定外磁场 $\boldsymbol{B}_0$ 中，原子核的磁矩 $\boldsymbol{\mu}$ 将绕着 $\boldsymbol{B}_0$ 做拉莫尔(Larmor)进动，进动的角频率大小为

$$\omega_0 = \gamma B_0 \tag{8-5}$$

如图 8-1 所示，其中 θ 为磁矩 $\boldsymbol{\mu}$ 与磁场 $\boldsymbol{B}_0$ 的夹角，若只有 $\boldsymbol{B}_0$ 作用，θ 保持不变。

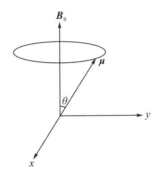

图 8-1　磁矩在外磁场中的进动

除此以外，原子核的能量在恒定外磁场 $\boldsymbol{B}_0$ 中还要附加一项磁能：

$$E = -\boldsymbol{\mu} \cdot \boldsymbol{B}_0 = -\mu B_0 \cos\theta = -\mu_z B_0 \tag{8-6}$$

除了恒定磁场 $\boldsymbol{B}_0(z)$ 外，在与 $\boldsymbol{B}_0$ 垂直的 xy 平面上加上一大小为 $B_1\left(|\boldsymbol{B}_1| \ll |\boldsymbol{B}_0|\right)$、旋转频率为 ω 的弱射频磁场，如图 8-2 所示。为阐述方便，我们建立一旋转坐标系，它的 z' 轴与固定 z 轴重合，x' 轴与 y' 轴以旋转频率 ω 绕 z 轴旋转，并设 x' 轴与 $\boldsymbol{B}_1$ 重合。当 $\boldsymbol{B}_1$ 旋转频率 ω 与原子核的磁矩 $\boldsymbol{\mu}$ 进动频率 ω_0 相等时，在旋转坐标系里，$\boldsymbol{B}_1$ 对 $\boldsymbol{\mu}$ 的作用就与恒定磁场一样，所以 $\boldsymbol{\mu}$ 也要绕 $\boldsymbol{B}_1$ 做进动，进动频率为

$$\omega_1 = \gamma B_1 \tag{8-7}$$

这样的进动会使磁矩 $\boldsymbol{\mu}$ 与磁场 $\boldsymbol{B}_0$ 的夹角 θ 产生变化，从而使磁能 $E = -\mu B_0 \cos\theta$ 产生改变，这个能量改变由射频场 $\boldsymbol{B}_1$ 的能量来补偿。θ 增加，E 增大，核磁矩 $\boldsymbol{\mu}$ 从射频场 $\boldsymbol{B}_1$ 吸收能量，这就是核磁共振现象，共振条件为射频场 $\boldsymbol{B}_1$ 的频率 ω 满足

$$\omega = \omega_0 = \gamma B_0 \tag{8-8}$$

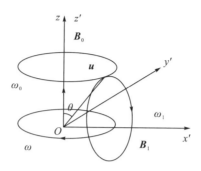

图 8-2 $\omega = \omega_0$ 的情形

若 $\omega \neq \gamma B_0$，在旋转坐标系里，$\boldsymbol{B}_1$ 对 $\boldsymbol{\mu}$ 而言不再是恒定磁场，它只会导致磁矩 $\boldsymbol{\mu}$ 与磁场 $\boldsymbol{B}_0$ 的夹角 θ 上下小幅摆动，而 θ 的平均值不变，所以磁矩 $\boldsymbol{\mu}$ 不从射频场 $\boldsymbol{B}_1$ 吸收能量，不产生核磁共振。

现在从量子力学观点分析，原子核作为微观粒子，很多物理量都是量子化的。

1）自旋角动量的大小

$$p = \sqrt{I(I+1)}\hbar \tag{8-9}$$

其中，I 为核自旋量子数，只与核的种类有关(取整数或半整数)，本实验涉及的氢核 ^{1}H 和氟核 ^{19}F 的自旋量子数 I 为 1/2。

自旋角动量 z 分量为

$$p_z = m\hbar \tag{8-10}$$

式中，m 称为核自旋磁量子数，只能取 I，$I-1$，$\cdots$，$-I+1$，$-I$，共 $(2I+1)$ 个数值。

2）磁能量子化

$$E = -\mu_z B_0 = -\gamma m\hbar B_0 \tag{8-11}$$

可见磁矩在磁场中的能量只取分立的能级值，这些能级又称塞曼能级。由于这些能级间隔很小，故共振跃迁所吸收或发射的能量，落在比光频小得多的射频或微波段辐射量子的能量范围内。若要在塞曼能级间产生共振跃迁，需要满足磁偶极跃迁的选择定则 $\Delta m = \pm 1$，所以只有相邻能级间的共振跃迁才是允许的。跃迁时从射频场或微波场吸收的光子能量 $\hbar\omega$ 等于相邻能级差，即 $\hbar\omega = \Delta E = \hbar\gamma B_0$，故共振条件为射频场 B_1 应垂直于 B_0，B_1 的角频率 ω 应等于原子核磁矩在 B_0 中的进动频率 ω_0：$\omega = \omega_0 = \gamma B_0$。

2. 宏观物体的核磁共振信号的强弱和弛豫作用

前面讨论的是单个核受外磁场作用的情形，实际处理的样品是由大量的原子核组成的，它们之间存在着相互作用，可以通过热运动等方式传递或交换能量，从而影响各个塞曼能级上的粒子数分布，而信号的强弱取决于能级上的粒子数分布情况。

1) 弛豫作用

当在恒定磁场中的样品处于热平衡时,核粒子在上下两能级间的分布服从玻尔兹曼分布:

$$\frac{N_{20}}{N_{10}} = \exp\left(-\frac{\Delta E}{\kappa T}\right) = \exp\left(-\frac{E_2 - E_1}{\kappa T}\right) \approx 1 - \frac{\Delta E}{\kappa T} \tag{8-12}$$

式中, N_{20}、N_{10} 为热平衡时上下能级 E_2 和 E_1 的粒子数; κ 为玻尔兹曼常数; T 为热力学温度。宏观的共振跃迁强度依赖于 N_{10} 与 N_{20} 的差值,对 ^{1}H,当 $T=300$ K, $B_0=1$ T 时, $N_{20}/N_{10} \approx 0.999993$,即在样品中,每 10^6 个粒子,低能级上的粒子数仅比高能级上的粒子数多几个,可见 N_{10} 略大于 N_{20},在 ΔE 相同的条件下,它们的差值随温度的增加而减少。

在热平衡时,上下能级间相互的粒子跃迁数应相等。设粒子由下能级跃迁到上能级的概率为 W_{12},而由上能级跃迁到下能级的概率为 W_{21},则应有

$$W_{12}N_{10} = W_{21}N_{20} \tag{8-13}$$

所以

$$W_{12}/W_{21} = N_{20}/N_{10} \tag{8-14}$$

可见, N_{10} 略大于 N_{20},则 W_{21} 必略大于 W_{12}。

当系统受到外界作用偏离热平衡时,由于系统的粒子间存在着相互作用,可以通过热运动等方式传递或交换能量,从而使系统自动地向平衡态恢复,这一过程称为热弛豫或纵向弛豫,它是描述核磁与晶格作用的结果,其引起的状态分布变化如下。

设 n_0 为热平衡时上下能级间粒子的差数, n 为未达到热平衡时上下粒子数为 N_2、N_1 的差数,即

$$n_0 = N_{10} - N_{20}, \qquad n = N_1 - N_2$$

由于热弛豫跃迁,能级间粒子差数对时间的变化率为

$$-\frac{dn}{dt} = \frac{d(N_2 - N_1)}{dt} = 2(W_{12}N_1 - W_{21}N_2) \tag{8-15}$$

式中的系数 2 表示 N_1 或 N_2 每发生一次跃迁上下粒子的差数变化。

将式(8-15)改写为

$$-\frac{dn}{dt} = 2(W_{12}N_1 - W_{12}N_{10} + W_{21}N_{20} - W_{21}N_2)$$
$$= 2[W_{12}(N_1 - N_{10}) + W_{21}(N_{20} - N_2)]$$
$$= (W_{12} + W_{21})(n - n_0)$$

式中, $(N_1 - N_{10})$、$(N_{20} - N_2)$ 均等于 $\frac{1}{2}(n - n_0)$。

令 $\overline{W} = (W_{12} + W_{21})/2$,则有

$$-\frac{dn}{dt} = 2\overline{W}(n - n_0)$$

积分得 $n = n_0 + e^{-2\overline{W}t}$, $\frac{1}{2\overline{W}}$ 具有时间量纲性质,令

$$\frac{1}{2\overline{W}} = T_1$$

可得

$$n - n_0 = \mathrm{e}^{-t/T_1} \tag{8-16}$$

此结果表明:

(1)当有不同于热平衡时的粒子差数 n 时,在只存在热弛豫跃迁的情况下,差数 n 将随时间按指数曲线趋向 n_0,恢复到热平衡态。

(2) T_1 的长短决定 n 趋向 n_0 的快慢,即所谓的纵向弛豫时间。

2)产生共振跃迁的射频场 $\boldsymbol{B}_1$ 对上下能级粒子分布的影响

当加射频场,并发生共振跃迁时,根据爱因斯坦的电磁理论,受激辐射和受激跃迁的概率相等,设为 P,而粒子自发辐射时,因跃迁概率远远低于光频,故可忽略,于是就有

$$\begin{cases} \mathrm{d}N_1 = -PN_1\mathrm{d}t + PN_2\mathrm{d}t \\ \mathrm{d}N_2 = -PN_2\mathrm{d}t + PN_1\mathrm{d}t \end{cases}$$

式中,N_2、N_1 为 t 时刻上下能级的粒子数。两式相减可得

$$\mathrm{d}n = \mathrm{d}(N_1 - N_2) = -2P(N_1 - N_2)\mathrm{d}t = -2Pn\mathrm{d}t$$

其中,

$$n = n_0\mathrm{e}^{-2Pt} \tag{8-17}$$

式中,$n_0 = N_{10} - N_{20}$,即开始加射频场时($t=0$),上下能级间的粒子差数。由式(8-17)可见,能级间的粒子差数如果只有射频 B_1 在持续起作用,则上下能级的粒子差数将按指数曲线减小至 0,上下能级粒子的分布趋于相等,由于从射频场吸收的能量与粒子差数成正比,当 $n \to 0$ 时,将不能再观察到共振吸收现象,即样品饱和了。

3)热弛豫作用和受激跃迁同时存在时对共振吸收信号强度的影响

B_1 产生的共振跃迁使上下能级间的粒子数趋于相等,而热弛豫作用则使能级间粒子差数趋于 n_0,这两种作用同时存在时将使能级间粒子差数趋向一个动态平衡值 n_s,它决定了核磁共振的实际信号强度。

由于 B_1 的作用,粒子差数的变化率是

$$-\left(\frac{\mathrm{d}n}{\mathrm{d}t}\right)_{B_1} = 2Pn$$

由于热弛豫作用,粒子差数的变化率是

$$-\left(\frac{\mathrm{d}n}{\mathrm{d}t}\right)_{T_1} = \frac{1}{T_1}(n - n_0)$$

当这两个过程共同作用达到动态平衡时,总的 $\dfrac{\mathrm{d}n}{\mathrm{d}t} = 0$,即

$$\left(\frac{\mathrm{d}n}{\mathrm{d}t}\right)_{B_1} + \left(\frac{\mathrm{d}n}{\mathrm{d}t}\right)_{T_1} = 0$$

由此得

$$2n_S P + \frac{1}{T_1}(n_S - n_0) = 0$$

即

$$n_S = \left(\frac{1}{1+2PT_1}\right)n_0 \tag{8-18}$$

由式(8-18)可知：

(1) n_S 总比 n_0 小，因为 $(1+2PT_1) > 1$，$\frac{1}{1+2PT_1}$ 称为饱和因子。当 $PT_1 \ll 1$ 时，$n_S \simeq n_0$ 维持共振吸收的粒子差数最大，可观察到强的共振吸收信号。

(2) 当 $PT_1 \gg 1$ 时，$n_S \rightarrow 0$，观察不到共振吸收信号。因此，在实验中要得到强的吸收信号，PT_1 乘积应尽可能小。概率 P 是与 B_1 的振幅平方成比例的，所以要求射频场强度小，但 B_1 的幅值关系到总的射频能量，即可能的吸收信号能量的上限，因此，要适当地用较小的幅值，而对减小 T_1 常采取在试样中添加顺磁物质的方法。

4) 共振吸收谱的宽度和横向弛豫时间

样品所组成的核系统中，单个核所受到磁场，实际上是外磁场加上邻近的核磁矩的磁场以及本身作拉莫尔进动所产生的磁场间相互的影响，两者与 B_0 相比都是很小的，但却是无规的，因此每个核受到的总磁场比 B_0 略大或略小，引起对应的能级产生微弱分裂（因为 $E = -\gamma m \hbar B_0$），使得 NMR 不是只发生在由 $\Delta E = \hbar \omega$ 所决定的单一频率上，而是发生在一定的频率范围，即共振吸收谱线变宽。

根据量子力学"测不准关系"，有 $\delta E \cdot \tau \sim \hbar$，其中 δE 为能级宽度，τ 为粒子在能级上的寿命。因为 $\delta E = \hbar \delta \omega$，所以 $\delta \omega = \frac{\delta E}{\hbar} \sim \frac{1}{\tau}$。这表明谱线宽度实质上归结为粒子在能级上的平均寿命。弛豫过程越强烈，τ 越短，共振吸收线就越宽。

一般定义共振吸收信号的半高度的宽度为线宽 $\Delta \omega$，并有关系式

$$T_2 = \frac{1}{\Delta \omega}$$

式中，T_2 称为横向弛豫时间，或自旋-自旋弛豫时间，它是自旋粒子间相互作用的结果。事实上粒子在某一高能级上的平均寿命，将取决于 T_1 和 T_2 中的较小者。对常见的物质 T_1 为 $10^{-4} \sim 10^4$ s，T_2 的数值一般小于 T_1 的数值。

5) 顺磁离子的影响

顺磁离子是指具有电子磁矩的粒子，如过渡族金属的粒子。一个电子磁矩等于一个玻尔磁子，它比核磁子大三个数量级，因此在样品中加入一定的顺磁离子，它附近的局部场就会大大增强，加快核的弛豫过程，使 T_1 和 T_2 减小。T_1 的减小有利于信号的加强，但另一方面 T_2 的减小又会使谱线变宽，谱线太宽会淹没精细结构，所以顺磁离子应适当加入。

【实验仪器与装置】

实验装置原理图如图 8-3 所示，它由磁铁、边限振荡器、频率计、扫描电源和示波器等组成。

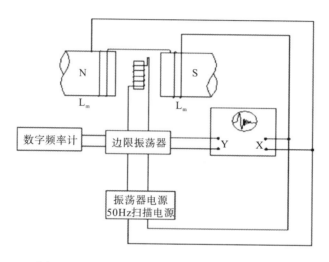

图 8-3   扫描法观察核磁共振吸收现象的实验装置

1. 恒定磁场系统

磁铁是核磁物质发生核磁共振所需的外加磁场，它是核磁共振波谱仪中最关键的部件，它要求磁铁产生尽可能强、高度均匀和非常稳定的磁场，磁场越强，信号灵敏度越高。磁场空间分布均匀、稳定性好，则波谱仪的分辨率高。磁铁可用电磁铁和永磁铁，各有优缺点，本实验采用永磁铁。

2. 发射与接收系统

这部分称为 NMR 探头，它包括边限振荡器、高频放大器、检波和低频放大器，如图 8-4 所示。所谓边限振荡器，其特点是工作状态处于振荡与不振荡边缘附近的弱振荡区域，边限振荡器的振荡线圈内置样品，线圈轴线垂直 B_0，它产生旋转磁场 B_1，用铜管做成同轴电缆与边限振荡器连接，为了检测共振频率差别较大的样品，要更换匝数不同的振荡线圈和耦合的同轴电缆，人们有时只把这一小部分称为"探头"，每个探头只覆盖一定的频率范围。当边限振荡器起振后，振荡线圈内产生等幅振荡的射频场作用于样品。若满足共振条件，样品便吸收射频场能量，使得振荡回路 Q 值下降，从而振荡幅值减小，即射频振荡受到共振吸收的调制，被调制的射频信号，经检波和滤波后便得到 NMR 信号，再经放大后由示波器显示，因此振荡线圈同时又是探测线圈。

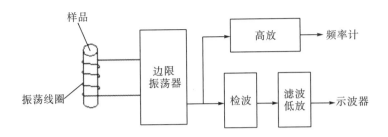

图 8-4 NMR 探头系统方框图

3. 磁场的调制方式

在永磁铁上放置一调场线圈 L_m ， L_m 接在 50 Hz 扫描电源上，它产生一个扫描磁场 $B_m \sin \omega t$ 叠加在 B_0 上，因此合磁场为

$$B_T = B_0 + B_m \sin \omega t$$

其随时间的变化曲线如图 8-5(a) 所示。

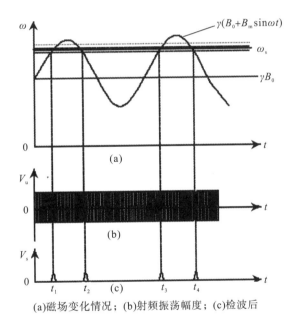

(a)磁场变化情况；(b)射频振荡幅度；(c)检波后

图 8-5 扫场法检测共振吸收信号

实现核磁共振的实验方法有两种：一是扫频法，即固定 B_0，调节射频场 B_1 的角频率 ω，使其在 ω_0 附近来回变化，当 $\omega = \omega_0 = \gamma B_0$，则出现共振信号；二是扫场法，即固定 B_1 的 ω 不变，让 B_0 在共振区域来回扫描，使得 $\gamma B_0 = \omega$，则出现共振信号。本实验采用比较简单易行的扫场法。

由于在磁铁上安置有调场线圈 L_m，接上电源后磁场强度随时间的变化如图 8-5(a) 曲线所示。此外，边限振荡器在它的振荡线圈内产生一个与 B_0 方向垂直的射频旋转磁 B_1，当边限振荡器调节到某一频率 ω_s 且满足条件 $\omega_s = \gamma(B_0 + B_m \sin \omega t)$，那么便在 t_1、t_2、t_3、t_4 等时刻产生最强的共振信号，如图 8-5(b) 所示。图 8-5(c) 是被共振信号调制射频等幅振荡，经检波滤波后，在示波器上显示的一系列共振信号，但这时共振信号在 t_1、t_2 和 t_3、t_4 的间隔不相等，调节扫场电源幅度时，这个距离会变化，即共振信号会沿横坐标移动，调节射频场 B_1 的频率 ω，满足 $\omega = \gamma B_0$，即在 $\sin \omega t = 0$ 的时刻产生共振，在荧光屏上出现等距离的共振信号。这时调节扫场幅度就不会使信号左右移动，当然扫场幅度为零时共振信号会消失。但在实际中观察到共振信号并不像图 8-5(c) 那么纯粹简单，而是出现更为复杂的"尾波"图形，如图 8-6 所示。其原因在于扫场速度太快，不满足 B_0 在共振点附近缓慢变化的条件，当射频旋转磁场的频率 ω 远离共振点频率时，磁化矢量是沿着 z 轴方向的，当 $\omega \approx \omega_0$ 时，磁化矢量 M 突然偏离 z 轴(与 z 轴成 θ 角)，吸收射频场能量，出现核磁共振吸收现象。当 $\omega > \omega_0$ 时，共振信号消失，此时磁化矢量 M 重回 z 轴方向，由于横向弛豫作用，磁化矢量 M 在 xy 平面上的投影的振幅按螺旋规律减少，M 在射频线圈中感应出的电动势也是逐渐衰减的，此感应电动势的频率与射频振荡器的频率组成差拍，所以在示波器上观察到逐渐衰减的"尾波"。

图 8-6 "尾波"现象

【实验内容及操作】

1. 调试方法

按图 8-3 将各部分之间线连接好：

(1)扫描电源的"扫描输出"两个输出端，接磁铁面板中一组线圈(四组可任选一组)，扫描电源背后的航空接头与边限振荡器的接头连接。

(2)边限振荡器的"共振信号输出"用 Q9 线接示波器 CH1 通道或 CH2 通道(但在观察李萨如图形时要接 CH2 通道)。频率输出用 Q9 线接频率计的 A 通道。频率计的通道选择：A 通道 1～100 Hz；FUCTION 选择 FA；GATE TIME 选择 1 s)。

(3)扫描电源的"扫描输出"顺时针调至最大(旋至最大后，再往回旋半圈，因为最大时电位器电阻为零，输出短路，因而对仪器有一定损伤)，这样可以加大捕捉信号的范围。

(4)将加有顺磁物质硫酸铜的水样品放入探头中，并将其置于磁铁中心位置，调节边限振荡器的频率"粗调"旋钮，将频率调节至磁铁标志的 H 共振频率附近，然后再调节

"细调"旋钮，在此附近捕捉信号。调节旋钮时要缓慢，因为共振范围很小，很容易跳过。还因为磁铁的磁场强度随温度而改变（成反比关系），所以应在标志频率±1MHz 的范围内进行信号的捕捉。

（5）有共振信号后，降低扫描幅度，调节频率"微调"至信号等宽。同时调节样品在磁铁中的空间位置，获得信号最强、尾波最多、弛豫时间最长的共振信号。

2. 测试内容

在共振信号间隔调到等宽时，从频率计上读取频率数值和磁铁上的磁场强度 B_0，利用式(8-8)算出旋磁比 γ，则将核磁矩在磁场方向的投影的最大值当作核磁矩的代表值

$$\mu = (\mu_z)_{\max} = \gamma m\hbar$$

对于 ^1H 而言，磁量子数 $m = \pm\dfrac{1}{2}$，从而可求得 μ。

已知氢核的旋磁比 $\gamma_H = 42.577\text{MHz/T}$，读出出现在共振时的频率，也可求出恒磁场 B_0 的数值，然后换用纯水，照上述同样的方法求出水的 μ 和 B_0。

【注意事项】

（1）放置样品时，将其放置于磁铁中央，以保证 B_0 尽量均匀，测量完毕，要将样品取出。

（2）调节仪器时，要缓慢调节各旋钮。

【思考题】

1. 什么是核磁共振，在哪些物质中可以有核磁共振现象？
2. 观察 NMR 吸收信号时，要提供哪几种磁场？各起什么作用？各有什么要求？
3. 核磁共振产生的条件是什么？实现的实验方法有哪些？观察示波器中的核磁共振信号具有什么特点才开始测量数据？

【参考文献】

冯蕴深，1992. 磁共振原理[M]. 北京：高等教育出版社.

高立模，2006. 近代物理实验[M]. 天津：南开大学出版社.

李治学，2007. 近代物理实验[M]. 北京：科学出版社.

上海复旦天欣科教仪器有限公司. FD-CNMR-I 型核磁共振实验仪使用说明书.

吴思诚，王祖铨，1999. 近代物理实验[M]. 北京：北京大学出版社.

实验9　光泵磁共振

【引言】

对于角动量 I(或 J)不为零的粒子,和它相关联的有共线取向的磁矩 μ,其中 $\mu = \gamma \hbar I$,γ 为粒子的旋磁比。由这样的粒子构成的量子力学体系在外磁场 B_0 中,能级将发生塞曼分裂。不同磁量子数 m 所对应的状态,其磁矩的空间取向不同,并以角频率 $\omega_0 = \gamma B_0$ 绕外电场进动。此时,若在垂直于 B_0 的平面上加一个角频率为 ω 的交变磁场,当其角频率满足 $\omega = \omega_0$ 时,粒子在相邻塞曼能级之间将发生磁偶极跃迁,这种现象叫磁共振。磁共振一般分为核磁共振、铁磁共振、电子自旋共振、光泵磁共振等。

一般而言,对于固态样品,由于其浓度大,共振信号较强,所以用核磁共振、电子自旋共振等方法就可以研究原子的精细结构、超精细结构及因磁场存在而分裂的塞曼子能级。但是,对于气态样品,因为样品浓度较低,很难得到理想强度的共振信号,所以,要想通过上述方法研究原子的精细结构、超精细结构及塞曼分裂就非常困难。20 世纪 50 年代,法国科学家卡斯特莱(A. Kastler)提出采用光抽运(optical pumping)技术,即用圆偏振光来激发原子,打破原子在能级间的玻尔兹曼热平衡分布,造成原子在各能级上的偏激化分布,这时再以相应频率的射频场激励原子使其产生磁共振,在探测磁共振信号时,不直接探测原子对射频量子的发射和吸收,而是采用光探测的方法,探测原子对光量子的发射吸收。由于光量子的能量比射频量子高七八个数量级,所以探测信号的灵敏度得到很大的提高。这种方法的出现,不仅使微观粒子结构的研究前进了一步,而且在激光、量子频标、精确测量弱磁场等问题上有了重要突破,并且具有很大的实际应用价值。1966 年,卡斯特莱因发现和发展了研究原子中核磁共振的光学方法(即光泵磁共振)而获得诺贝尔物理学奖。

【实验目的】

(1)了解光抽运的原理及实验条件,加深对原子超精细结构、光跃迁和磁共振的理解。
(2)观察铷原子光抽运信号,测定铷原子超精细结构塞曼子能级的朗德因子。
(3)学会利用光磁共振的方法估测地磁场的水平分量。

【实验原理】

1. 铷(Rb)原子基态及最低激发态的能级

本实验的研究对象是碱金属铷(Rb)的气态自由原子,铷的原子序数是 37,在紧束缚的满壳层外只有一个电子，其基态及最低激发态的电子组态分别为 $1s^2 2s^2 2p^6 3s^2 3p^6 3d^{10} 4s^2 4p^6 5s^1$、$1s^2 2s^2 2p^6 3s^2 3p^6 3d^{10} 4s^2 4p^6 5p^1$，在天然的 Rb 中含有两种同位素，即 ^{85}Rb 和 ^{87}Rb，分别占 72.15% 和 27.85%。选用天然铷做样品，既可避免使用昂贵的单一同位素，又可在一个样品上观察到两种原子的超精细结构塞曼子能级跃迁的磁共振信号。铷的价电子处在第五壳层，主量子数 $n=5$，轨道量子数 $L=0,1,2,\cdots,n-1$，基态的轨道量子数 $L=0$，最低激发态为 $L=1$，电子自旋量子数均为 $S=1/2$。

　　因为电子的自旋与轨道相互作用（L-S 耦合）而发生的能级分裂，称为精细结构。电子的总角动量 P_J 由电子的轨道角动量 P_L 与其自旋角动量 P_S 合成，即 $P_J = P_L + P_S$。原子能级的精细结构用总角动量量子数 J 标记，$J = L+S$，$L+S-1$，$\cdots$，$|L-S|$。表 9-1 为铷原子精细结构及价电子相关量子数。对于基态，$L=0, S=1/2$，总角动量量子数只有 $J=1/2$，因此，其基态 S 态是单重态，标记为 $5^2 S_{1/2}$。对于最低激发态，$L=1, S=1/2$，总角动量量子数分别为 $J=1/2$ 的 $5^2 P_{1/2}$ 态和 $J=3/2$ 的 $5^2 P_{3/2}$ 态。因此，铷的第一激发态具有双重态，铷从 $5P$ 到 $5S$ 能级间产生的跃迁为铷原子主线系的第一条线，为双线，在铷灯光谱中强度最大。产生的两条谱线分别是 $5^2 P_{1/2} \to 5^2 S_{1/2}$ 波长为 794.8 nm 的 D_1 线和 $5^2 P_{3/2} \to 5^2 S_{1/2}$ 波长为 780.0 nm 的 D_2 线。

表 9-1　铷原子精细结构及价电子相关量子数

相关量子数	基态	最低激发态
主量子数 n	$n=5$	$n=5$
轨道量子数 L	$L=0$	$L=1$
自旋量子数 S	$S=1/2$	$S=1/2$
总角动量量子数 J	$J=1/2$	$J=1/2,3/2$

　　在原子价电子 L-S 耦合中，总角动量 P_J 与总磁矩 μ_J 之间的关系为

$$\mu_J = -g_J \frac{e}{2m} P_J \tag{9-1}$$

$$g_J = 1 + \frac{J(J+1) - L(L+1) + S(S+1)}{2J(J+1)} \tag{9-2}$$

式中，g_J 是朗德因子；J 是电子总角动量量子数；L 是电子的轨道量子数；S 是自旋量子数。

　　原子具有核自旋和核磁矩。这种磁矩与上述电子总磁矩之间相互作用会产生能级的附加分裂，这种分裂称为超精细结构。原子的总角动量 P_F 由核自旋角动量 P_I 与电子总角动量 P_J 耦合而成，即 $P_F = P_I + P_J$。I-J 耦合形成的超精细结构用 F 量子数标记，即 $F = I+J$，$I+J-1$，$\cdots$，$|I-J|$。^{85}Rb 和 ^{87}Rb 的核自旋量子数分别为 $I=5/2$ 和 $I=3/2$，它们的基态 $J=1/2$，因此，^{85}Rb 和 ^{87}Rb 分别具有 $F=3$、$F=2$ 和 $F=2$、$F=1$ 两个状态。

　　考虑核自旋后，整个原子的总角动量 P_F 与总磁矩 μ_F 之间的关系可写为

$$\mu_F = -g_F \frac{e}{2m} P_F \tag{9-3}$$

$$g_F = g_J \frac{F(F+1) + J(J+1) - I(I+1)}{2F(F+1)} \tag{9-4}$$

式中， g_F 是对应于 μ_F 与 P_F 关系的朗德因子。

以上所述都是在没有外磁场条件的条件下，如果铷原子处在较弱的静磁场 B 中，由于原子的总磁矩 μ_F 与磁场 B 的相互作用，超精细结构中的各能级进一步发生塞曼分裂，形成塞曼子能级，用磁量子数 m_F 来表征。 $m_F = F, F-1, \cdots, -F$ ，即每个超精细结构能级分裂为 $2F+1$ 个塞曼子能级，如图 9-1 所示，其间距相等。

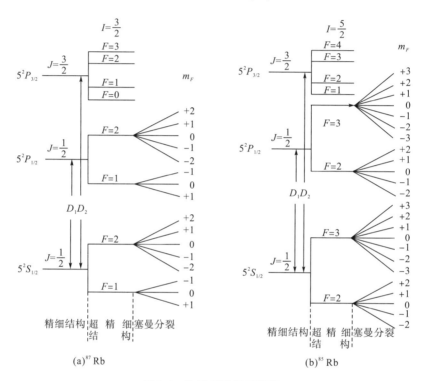

(a) ^{87}Rb   (b) ^{85}Rb

图 9-1   铷原子能级示意图

原子总磁矩 μ_F 与外磁场 B 的相互作用能为

$$E = -\mu_F B = g_F \frac{e}{2m} P_F B = g_F \frac{e}{2m} m_F \frac{h}{2\pi} B = g_F m_F \mu_B B \tag{9-5}$$

式中， $\mu_B = \dfrac{eh}{4\pi m} = 9.274 \times 10^{-24} \text{J} \cdot \text{T}^{-1}$ 称为玻尔磁子。

各相邻塞曼能级之间的能量差为

$$\Delta E = g_F \mu_B B \tag{9-6}$$

可以看出 ΔE 与 B 成正比，当外磁场为零时，各塞曼子能级将重新简并为原来能级。

2. 圆偏振光对铷原子的激发与光抽运效应

一定频率的光可引起原子能级之间的跃迁，当用一定频率的圆偏振光照射处于弱磁场中的原子时，将产生原子精细结构能级之间的共振跃迁。由于要满足能量守恒和动量守恒的要求，光跃迁需遵守选择定则：$\Delta F = 0, \pm 1$；$\Delta m_F = \pm 1$。当照射的光是左旋圆偏振光的 $D_1\sigma^+$（σ^+ 角动量为 $+\hbar$）光时，$\Delta m_F = +1$；当照射的光是右旋圆偏振光的 $D_1\sigma^-$（σ^- 角动量为 $-\hbar$）光时，$\Delta m_F = -1$。若用 794.8 nm 的 $D_1\sigma^+$ 光照射 ^{87}Rb 原子，在由基态能级到最低激发态能级的激发跃迁中，只能产生 $\Delta m_F = +1$ 的跃迁，如图 9-2（a）所示。

由图 9-2（a）可知，基态 $m_F = +2$ 子能级上原子吸收 $D_1\sigma^+$ 后就将跃迁到 $m_F = +3$ 的子能级上，但 $5^2P_{1/2}$ 各子能级最高为 $m_F = +2$，所以，基态中子能级上的粒子不能被 σ^+ 激发，其跃迁概率为零。跃迁到激发态的原子寿命很短，约 10^{-8} s，随即通过自发衰减返回到基态，而由 $5^2P_{1/2}$ 回到 $5^2S_{1/2}$ 时各子能级的向下跃迁（发射光子）概率相等，跃迁规则为：$\Delta m_F = 0, \pm 1$。这样经过若干循环之后，基态 $m_F = +2$ 子能级上的原子就会大大增加，即大量粒子被"抽运"到基态 $m_F = +2$ 的子能级上，这就是光抽运效应，如图 9-2（b）所示。

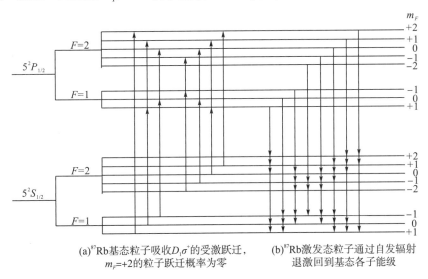

(a)^{87}Rb基态粒子吸收$D_1\sigma^+$的受激跃迁，$m_F=+2$的粒子跃迁概率为零

(b)^{87}Rb激发态粒子通过自发辐射退激回到基态各子能级

图 9-2　^{87}Rb 光跃迁与光抽运效应示意图

各个子能级上原子数的不均匀分布叫作"偏极化"，光抽运的目的就是要造成偏极化，有了偏极化就可以在子能级之间得到较强的磁共振信号。

同理，σ^- 具有同样的作用，它将大量的原子抽运到 $m_F = -2$ 的子能级上。

当入射光为 π 光（吸收跃迁的选择定则为 $\Delta m_F = 0$）时，Rb 原子对光有强的吸收，但无光抽运效应。

3. 弛豫过程

系统由非平衡分布状态趋向于热平衡分布状态的过程为弛豫过程。在热平衡条件下，任意两个能级 E_1 和 E_2 上的粒子数之比都服从玻尔兹曼分布，即

$$\frac{N_2}{N_1} = \mathrm{e}^{\frac{-\Delta E}{\kappa}}$$

式中，$\Delta E = E_2 - E_1$，为两个能级之差，N_1和N_2分别是两个能级上的原子数目，κ为玻尔兹曼常数。由于能量差很小，可以近似认为各个子能级上的粒子数分布是相等的，光抽运增大了粒子布居数差别，使系统处于非热平衡状态。

本实验中，伴随光抽运过程，还存在使 Rb 原子系统由偏极化状态向热平衡状态分布过渡的弛豫过程，使得偏极化程度被削弱或完全失去，这里促使系统趋向平衡的机制主要是 Rb 原子之间以及 Rb 原子与其他物质(如容器壁)碰撞造成的。但 Rb 原子与磁性很弱的原子碰撞，对 Rb 原子状态的扰动很小，这种碰撞对原子的偏极化基本没有影响。为了保持较高的偏极化程度，除了增大入射光强度外，还可以合理控制 Rb 原子密度(即控制 Rb 的汽化温度)及充以适量分子磁矩很小的氮气作缓冲气体。氮气的密度比 Rb 蒸气原子的密度大 6 个数量级，这样就可减少 Rb 原子与容器及其他 Rb 原子的碰撞，从而保持 Rb 原子分布的高度偏极化。因此，在样品泡中冲进了 10 Torr(1 Torr=133.322 Pa)左右的缓冲气体。此外，处于$5^2 P_{1/2}$态的原子需与缓冲气体分子碰撞多次才能发生能量转移，由于所发生的过程主要是无辐射跃迁，所以返回到基态 8 个塞曼子能级的概率均等，因此缓冲气体分子还有利于将粒子更快地抽运到$m_F = +2$子能级。

Rb 样品泡温度升高，Rb 原子密度增大，则 Rb 原子与容器壁及 Rb 原子之间的碰撞增加，使偏极化减小。而温度过低，Rb 蒸气原子数不足，信号幅度就会变小。因此要保持最佳温度范围在 40～60℃。

一般情况下光抽运造成塞曼子能级之间的粒子差数比玻尔兹曼分布造成的粒子差数要大几个数量级。对于^{85}Rb 也有类似的结论，不同之处是光将^{85}Rb 原子抽运到基态的$m_F = +3$子能级上。

4. 塞曼子能级之间的磁共振

对于^{87}Rb，由于光抽运，大量原子都聚集到基态$m_F = +2$子能级上，偏极化达到饱和，饱和以后，Rb 蒸气不再吸收σ^+光，从而使透过铷样品泡的σ^+光增强。此时，在垂直于产生塞曼分裂的静磁场B的方向加一频率为ν的射频场，当ν与B之间满足磁共振条件：

$$h\nu = g_F \mu_B B \qquad (9\text{-}7)$$

时，在塞曼子能级间产生感应跃迁，称为磁共振，式(9-7)即为磁共振条件。跃迁服从选择定则$\Delta F = 0$，$\Delta m_F = \pm 1$，铷原子将从$m_F = +2$的子能级跃迁到$m_F = +1$，以后又跃迁到$m_F = 0, -1, -2$等各子能级上。这样，磁共振消除了原子分布的偏极化，原子又可以吸收σ^+光而进行新的抽运，透过样品泡的光就变弱了，粒子再次被抽运到$m_F = +2$的子能级上，投射光再次变强。光抽运与感应磁共振跃迁达到动态平衡，磁共振过程塞曼子能级粒子数变化见图 9-3。光跃迁速率比磁共振跃迁速率大几个数量级，故光抽运与磁共振的过程可以连续地进行下去。

在光磁共振的研究中，射频场频率ν和外磁场(产生塞曼分裂)B两者可以固定一个，改变另一个以满足磁共振条件式(9-7)。改变射频场频率的方法称为扫频法(磁场固定)，改变磁场的方法称为扫场法(频率固定)。

(a)未发生磁共振时，$m_F=+2$能级上的粒子数　　(b)发生磁共振时，$m_F=+2$能级上的粒子数减少，对σ^+光的吸收增强

图 9-3　磁共振过程塞曼子能级粒子数变化示意图

5. 光探测

由上面分析可知，与磁共振相伴随的有对 $D_1\sigma^+$ 光吸收的强度的变化，因此，投射到样品泡上的 $D_1\sigma^+$ 光，一方面起光抽运作用，另一方面通过透过样品的光强变化即可得到磁共振的信号，这就实现了磁共振的光探测，使一束光起了抽运与探测两个作用。并且由于巧妙地将一个低频射频光子 $(1\times10^6\sim10\times10^6\ \mathrm{Hz})$ 的信息转换成了一个高频光频光子 $(10^{14}\ \mathrm{Hz})$ 的信息，这就使信号功率提高了七八个数量级。

【实验仪器与装置】

1. 实验仪器

实验采用 DH807A 型光泵磁共振实验装置，由主体单元、辅助源、电源、射频信号发生器、示波器组成，实验装置方框图如图 9-4 所示。

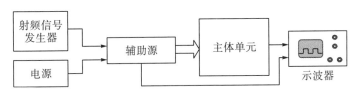

图 9-4　光磁共振实验装置方框图

电源为主体单元提供三组直流电源，第 I 路是 0～1 A 可调稳流电源，为水平磁场提供电流。第 II 路是 0～0.2 A 可调稳流电源，为垂直磁场提供电流。第 III 路是 24 V/2 A 稳压电源，为铷光谱灯、控温电路、扫场提供工作电压。

辅助源为主体单元提供三角波、方波扫场信号及温度控制电路等。并设有"外接扫描"插座，可接示波器的扫描输出，将其锯齿扫描经电阻分压及电流放大，作为扫场信号源代替机内扫场信号，辅助源与主体单元由 24 线电缆连接。辅助源上还设有水平场、垂直场和扫场的方向控制开关。

2. 实验装置

该实验装置主体单元示意图如图 9-5 所示，主体单元是该实验装置的核心，由三部分组成：$D_1\sigma^+$ 光抽运光源、吸收池区、探测部分。

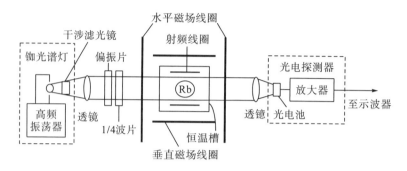

图 9-5　光磁共振实验装置主体单元示意图

(1) $D_1\sigma^+$ 光抽运光源。包括铷光谱灯、干涉滤光镜、偏振片、1/4 波片和透镜。铷光谱灯是一种高频气体放电灯，它由高频振荡器、控温装置和铷灯泡组成。铷光谱灯作为抽运光源。铷灯泡在高频振荡回路的电感线圈中受高频电磁场的激励而发光，整个振荡器和铷灯泡放在同一恒温槽内，温度控制在 90℃ 左右，高频振荡器频率约为 65 MHz。装在铷光谱灯出口上的干涉滤光镜从铷原子光谱中选出 D_1 光($\lambda=794.8$ nm)，经准直透镜(焦距为 77 mm)后呈平行光照射到偏振片和 1/4 波片，偏振片和 1/4 波片将 D_1 光变为左旋圆偏振光 $D_1\sigma^+$，即照射到吸收泡的光。

(2) 吸收池区。由吸收泡、射频线圈和两对相互垂直的亥姆霍兹线圈组成。天然铷和惰性缓冲气体被充在一个直径约 52 mm 的玻璃泡内，该铷泡两侧对称放置着一对小射频线圈，它为铷原子跃迁提供射频磁场。这个铷吸收泡和射频线圈都置于圆柱形恒温槽内，称其为"吸收池"。槽内温度在 55℃ 左右。吸收池放置在两对亥姆霍兹线圈的中心。小的一对线圈产生的磁场用来抵消地磁场的垂直分量。大的一对线圈有两个绕组，一组为水平直流磁场线圈，产生水平方向磁场，其亥姆霍兹线圈的轴线应与地磁场水平分量方向一致，它使铷原子的超精细能级产生塞曼分裂；另一组为扫场线圈，它使直流磁场上叠加一个方形或三角形水平方向调制磁场。

(3) 探测部分。由吸收池透射出的 $D_1\sigma^+$ 光线经透镜会聚于硅光电池，由光电池将 $D_1\sigma^+$ 光转换成电信号，放大滤波后传送到示波器。

【实验内容及操作】

1. 仪器调节

(1)借助指南针，调节导轨，使主体装置的光轴与地磁场水平分量平行。

(2)检查各连线是否正确，将辅助源前面板上的"垂直场""水平场""扫场幅度"旋钮调到最小，按下电源开关和"池温"键，约 30 分钟后，灯温、池温指示灯点亮，实验装置进入工作状态。

(3)将铷灯、透镜、吸收池、光电探测器等的位置调到等高共轴，得到较好的平行光束，通过样品泡并照射到汇聚透镜上。

2. 观察光抽运信号

(1)扫场方式选择"方波"，调大扫场幅度。再将指南针置于吸收池上边，改变扫场的方向，设置扫场方向与地磁场水平分量方向相反，然后将指南针拿开。

(2)预置垂直场电流为 0.07 A 左右，用来抵消地磁场垂直分量。调节扫场的幅度，调节时观察光抽运信号，使光抽运信号幅度最大。

(3)在产生垂直磁场的亥姆霍兹线圈上加以直流磁场，然后调节垂直场大小和方向，当两者完全抵消时，光抽运信号达到最大值，如图9-6所示。

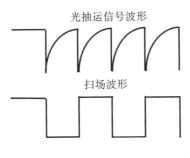

图 9-6　光抽运信号

加上方波扫场信号的一瞬间，基态中各塞曼子能级的粒子数接近于热平衡状态，即各个子能级上的粒子数大致相等，因此，这一瞬间有 7/8 的粒子在吸收 $D_1\sigma^+$ 光，对光的吸收最强。随着粒子不断地抽运到 $m_F = +2$ 的子能级上，能吸收 $D_1\sigma^+$ 光的粒子数逐渐减少，透过样品泡的光就逐渐增强直到抽运到 $m_F = +2$ 的子能级上的粒子数达到饱和，光强达到最大。当磁场扫过零然后反向时，各塞曼能级发生简并后再分裂。能级简并时 Rb 原子分布由于碰撞导致自旋方向混杂而失去偏极化，重新分裂后各塞曼子能级上的粒子数又近似相等，Rb 原子又再一次对 $D_1\sigma^+$ 光的吸收达到最大值，这样就能观察到光抽运信号。

3. 测量 Rb 原子超精细结构 g_F 因子

(1)观察磁共振信号。当射频频率 ν 与磁场 B 满足磁共振条件时，Rb 原子偏极化的分布会失去，再产生新的光抽运。根据磁共振条件，对于确定的射频频率，可以通过改变磁场获得 ^{85}Rb 和 ^{87}Rb 的磁共振，得到磁共振信号图像。也可以通过确定磁场大小，改变射频频率获得 ^{85}Rb 和 ^{87}Rb 的磁共振。

(2)磁共振频率的测量。实验时，扫场方式选择"三角波"，将水平场电流预置为 0.2 A 左右，并使水平磁场方向与地磁场水平分量和扫场方向相同(由指南针来判断)。垂直场的大小和偏振片的角度状态保持不变。调节射频信号发生器频率(即信号发生器的频率),可观察到磁共振信号如图 9-7 所示,可读出频率 ν_1 及对应的水平场电流 I。再调节水平场方向开关,使水平场方向与地磁场水平分量和扫场方向相反,同理可以测得 ν_2。这样,水平磁场所对应的频率为 $\nu = (\nu_1 + \nu_2)/2$,即排除了地磁场水平分量及扫场直流分量的影响。

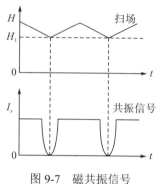

图 9-7 磁共振信号

(3)计算出所测 g_F 因子的大小。水平磁场的数值可从水平场电流及水平亥姆霍兹线圈的参数来确定,亥姆霍兹线圈轴线中心处磁场的大小为

$$B = \frac{16\pi}{5^{\frac{3}{2}}} \frac{N}{r} I \times 10^{-7} \tag{9-8}$$

式中,B 为磁感应强度;N 为水平线圈匝数;r 为线圈有效半径;I 为加在水平线圈上的电流。根据磁共振条件公式(9-7)和公式(9-8)可计算出 g_F 因子,式中,普朗克常数 $h=6.626\times10^{-34}$ J·s,玻尔磁子 $\mu_B=9.274\times10^{-24}$ J/T。

4. 测量地磁场

(1)测量地磁场的水平分量 $B_{水平}$。同测 g_F 因子方法类似,先使扫场和水平场与地磁场水平分量方向相同,测得 ν_1。再调节扫场及水平场方向开关,使扫场和水平场方向与地磁场水平分量方向相反,又得到 ν_2。这样地磁场水平分量所对应的频率为 $\nu = (\nu_1 - \nu_2)/2$(即排除了扫场和水平磁场的影响)。由磁共振公式(9-7)得到地磁场水平分量为

$$B_{水平} = \frac{h\nu}{g_F \mu_B} \tag{9-9}$$

(2)获得地磁场的垂直分量 $B_{垂直}$。因为垂直磁场正好抵消地磁场的垂直分量,从数字表头指示的垂直场电流及垂直亥姆霍兹线圈参数,可以确定地磁场垂直分量的数值。根据地磁场水平分量和地磁场垂直分量的矢量和可求得地磁场。

(3)求出本实验室"地磁场"的大小和方向:

$$B_{地} = \sqrt{B_{水平}{}^2 + B_{垂直}{}^2}$$

$$\tan\theta = \frac{B_{垂直}}{B_{水平}}$$

同时，应该注意：实验过程中应注意区分 ^{85}Rb 和 ^{87}Rb 共振谱线。当水平磁场不变时，频率高的为 ^{87}Rb 共振谱线，频率低的为 ^{85}Rb 共振谱线；当射频场频率不变时，水平磁场大的为 ^{85}Rb 的共振谱线，水平磁场小的为 ^{87}Rb 共振谱线。

【注意事项】

(1) 应注意区分 ^{85}Rb 和 ^{87}Rb 共振谱线。

(2) 在精确测量时，为避免吸收池加热丝所产生的剩余磁场影响测量的准确性，可短时间断掉池温电源。

(3) 为避免光线(特别是灯光的 50 Hz)影响信号幅度及线型，必要时主体单元应当罩上遮光罩。

(4) 在实验过程中，本装置主体单元一定要避开其他带有铁磁性物体、强电磁场及大功率电源线。

【思考题】

1. 什么是光抽运效应？如果 ^{85}Rb 原子吸收了一定频率的左旋圆偏振光，基态的大量粒子被大量地抽运到哪一个子能级上？请画出能级图说明原因。

2. 本实验中为什么不使用 ^{87}Rb 的 D_2 线作为抽运光？

3. 本实验在实现光磁共振过程中为什么要加入扫场信号？

4. $D_1\pi$ 光为什么不能用作抽运光？

5. 实验中如何区分 ^{85}Rb 和 ^{87}Rb 共振信号？

【参考文献】

北京大华无线电仪器厂. DH807A 型光磁共振实验装置技术说明书.

韩忠，2012. 近现代物理实验[M]. 北京：机械工业出版社.

李治学，2007. 近代物理实验[M]. 北京：科学出版社.

刘海霞，亓夫军，徐铭，2005. 光磁共振实验中扫场的作用和影响[J]. 大学物理，24(12)：40-43.

吴思诚，王祖铨，1999. 近代物理实验[M]. 北京：北京大学出版社.

熊正烨，吴奕初，郑裕芳，2000. 光磁共振实验中测量 g_F 值方法的改进[J]. 物理实验，20(1)：3-4，15.

张勇，李艳，李盛慧，等，2011. 利用光磁共振实验测量地磁场强度[J]. 西南师范大学学报，36(4)：55-58.

实验 10　电子自旋共振

【引言】

电子自旋共振(electron spin resonance，ESR)，过去常称为电子顺磁共振(electron paramagnetic resonance，EPR)，是属于自旋 1/2 粒子的电子在静磁场下的磁共振现象，类似静磁场下自旋 1/2 原子核有核磁共振的现象，又因利用到电子的顺磁性，故称电子顺磁共振。

由于电子的磁矩比核磁矩大得多，在同样的磁场下，电子顺磁共振的灵敏度也比核磁共振高得多。虽然原理类似于核磁共振，但由于电子质量远轻于原子核，因此有强度大许多的磁矩。以氢核(质子)为例，电子磁矩强度是质子的 659.59 倍。对于电子，磁共振所在的拉莫频率通常需要通过减弱主磁场强度来使之降低。但即使如此，拉莫频率所在波段仍比核磁共振中拉莫频率所在的射频范围还要高——微波，其穿透力强，且对带有水分子的样品存在加热可能的潜在问题，因而在进行人体造影时需要改变策略。例如，在 0.3 T 的主磁场下，电子共振频率发生在 8.41 GHz，而对于常用的核磁共振核种——质子而言，在这样强度的磁场下，其共振频率为 12.77 MHz。

但是由于分子中的电子多数是成对存在，根据泡利不兼容原理，每对电子必为一个自旋向上，一个自旋向下，而磁性互相抵消。因此必须有不成对电子的存在，才能表现磁共振，例如过渡元素重金属或者自由基的存在。

ESR 是用来测定未成对电子与其环境相互作用的一种物理方法。当未成对电子在不同的原子或化学键上，或附近有不同的基团即具有不同的化学环境时，其电子自旋共振光谱就可以被详细地反映出来，并且不受其周围反磁性物质(如有机配体)的影响。自 1944 年发现电子自旋共振以来，其很快被应用到化学研究中，特别是近年在生物体内的各种蛋白酶，如铜锌超氧化物歧化酶等的活性中心金属离子所处化学环境的研究中得到了广泛应用。ESR 已成功地被应用于顺磁物质的研究，目前它在化学、物理、生物和医学等各方面都获得了极其广泛的应用。例如，发现过渡族元素的离子；研究半导体中的杂质和缺陷；离子晶体的结构；金属和半导体中电子交换的速度以及导电电子的性质等。所以，ESR 也是一种重要的可控物理实验技术。

【实验目的】

(1)研究微波波段电子顺磁共振现象。
(2)测量 DPPH 中的 g 因子。

（3）了解、掌握微波仪器和器件的应用。

（4）进一步理解谐振腔中 TE_{10} 波形成驻波的情况，确定波导波长。

【实验原理】

根据泡利原理，每个分子轨道上不能存在两个自旋态相同的电子，因而各个轨道上已成对的电子自旋运动产生的磁矩是相互抵消的，只有存在未成对电子的物质才具有永久磁矩，它在外磁场中呈现顺磁性。

电子是具有一定质量和带负电荷的一种基本粒子，它能进行两种运动：一是在围绕原子核的轨道上运动，二是通过本身中心轴所做的自旋。任何电子均具有特征的自旋角动量 s 和相应的自旋磁矩 μ_s：

$$\mu_s = gs\mu_B \tag{10-1}$$

式中，g 是光谱分裂因子，对于自由电子，$g = 2.0023$，$s = 1/2$；μ_B 为玻尔磁子。

没有磁场时，自由电子在任何方向均具有相同的能量，故可以自由取向，但处在外磁场中时，由于电子运动产生力矩，在运动中产生电流和磁矩，电子的自旋磁矩和外磁场发生作用，电子的自旋磁矩在不同的方向就具有不同的能量，简并的电子自旋能级将产生分裂，这种分裂叫作塞曼分裂。

$$E_{ms} = g\mu_B m_s B_0 \tag{10-2}$$

式中，B_0 是外加磁场，磁量子数 $m_s = \pm 1/2$，磁能级跃迁的选择定则是 $\Delta m_s = 0$，± 1。若在垂直于外磁场 B_0 的方向上加上频率为 ν 的电磁波，使电子得到能量 $h\nu$，则 ν 和 B_0 满足：

$$h\nu = \Delta E = g\mu_B B_0 \tag{10-3}$$

此时，处于低自旋能级的电子吸收电磁波能量而跃迁到高能级，发生磁能级跃迁，在相应的吸收曲线(即 ESR 光谱曲线)上出现吸收峰，即发生电子自旋共振吸收现象。

在与 B_0 垂直的平面内加一频率为 ν 的微波磁场 B_1，当满足

$$\nu = \frac{\Delta E}{h} = \frac{g\mu_B B_0}{h} \tag{10-4}$$

时，处于低能级的电子就要吸收微波磁场的能量，在相邻能级间发生共振跃迁，即顺磁共振。

在热平衡时，上下能级的粒子数遵从玻尔兹曼分布：

$$\frac{N_2}{N_1} = e^{-\Delta E/KT} \tag{10-5}$$

由于磁能级间距很小，$\Delta E \ll KT$，上式可以写成

$$\frac{N_2}{N_1} = 1 - \frac{\Delta E}{KT} \tag{10-6}$$

$\Delta E/KT > 0$，因此 $N_2 < N_1$，即上能级上的粒子数应稍低于下能级的粒子数。由此可知，外磁场越强，射频或微波场频率 ν 越高，温度越低，则粒子差数越大。因为微波波段的频率比射频波波段高得多，所以微波顺磁共振的信号强度比较高。此外，微波谐振腔具有较高

的 Q 值，因此微波顺磁共振有较高的分辨率。

　　微波顺磁共振有通过法和反射法。反射法是利用样品所在谐振腔对于入射波的反射状况随着共振的发生而变化，因此，观察反射波的强度变化就可以得到共振信号。反射法利用微波器件魔 T 来平衡微波源的噪声，所以有较高的灵敏度。

　　与核磁共振等实验类似，为了观察共振信号，通常采用调场法，即在直流磁场 B_0 上叠加一个交变调场 $B_3\cos\omega t$，这样样品上的外磁场为 $B=B_0+B_3\cos\omega t$。当磁场扫过共振点，满足

$$B = \frac{h\nu}{g\mu_B} \tag{10-7}$$

时，发生共振，改变谐振腔的输出功率或反射状况，通过示波器显示共振信号。

　　本实验中的样品为自由基，即在分子中含有一个未成对电子的物质，化学名称为 DPPH（di-phehyl picryl hydrazyl），叫作 1,1-苯基-2-三硝基苯肼，分子式为 $(C_6H_5)_2N$—$NC_6H_2(NO_2)_3$，其结构如图 10-1 所示，在第二个氮原子上存在一个未偶电子—自由基，本实验观测的是该电子的自旋共振现象，EPR 在这里称为 ESR。

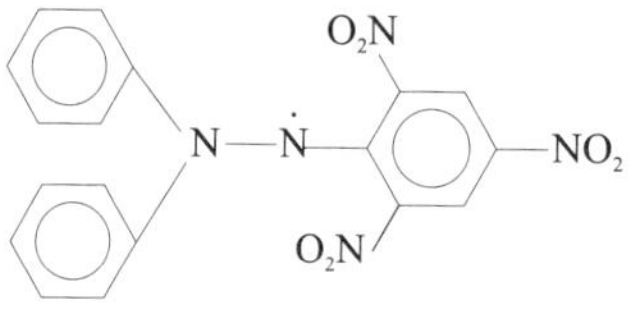

图 10-1　DPPH

【实验仪器与装置】

　　实验装置由三部分构成，包括微波系统、电磁铁系统和电子检测系统。实验装置如图 10-2 所示，装置示意图如图 10-3 所示。

图 10-2　实验装置图

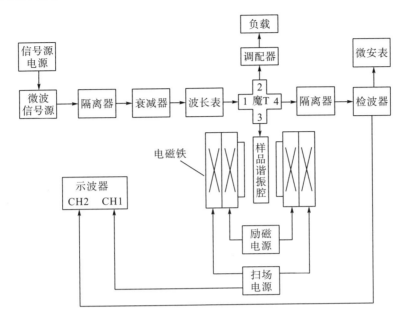

图 10-3 实验装置示意图

1. 微波系统

(1)三厘米固态信号源：产生微波信号。能输出等幅或方波调制信号，频率为8.6~9.6 GHz，由振荡器、隔离器和主机组成。

(2)隔离器：只允许微波从输入端进，从输出端出。隔离微波源与负载的作用。

(3)可变衰减器：用于调整输入功率。

(4)波长表：用来测量微波波长，使用时调整螺旋测微计，在示波器上会出现吸收峰，或微安表指示大幅度下降(跌落点)，根据螺旋测微计的读数查表，即可得到吸收峰处的微波频率。

(5)单螺调配器：使两种不同阻抗的微波器件达到匹配的可调器件。匹配就是将输入的波完全吸收，没有反射。

(6)检波器：用来测量微波在测点的强度。

(7)样品谐振腔：本实验使用 TE 型谐振腔，腔内形成驻波，将样品置于驻波磁场最强的地方，才能出现磁共振。微波从腔的一端进入，另一端是一个活塞，用来调节腔长，以产生驻波，腔内装有样品，样品位置可沿腔长方向调整。示意图如图 10-4 所示。

(8)DPPH 样品：密封在细尼龙管中，置于谐振腔内。

(9)魔 T：它有 4 个臂，相对臂之间是互相隔离的。当 4 个臂都匹配时，微波从任一臂(如臂 4)进入，即等分进入相邻两臂(2、3)，而不进入相对的臂(1)。若当相邻两臂(2、3)有反射则能进入相对臂。这样将臂 3 接谐振腔，臂 2 接匹配器，臂 1 接检波器，当样品产生磁共振吸收微波能量改变魔 T 匹配状态时，就有微波从谐振腔反射回来进入检波器。

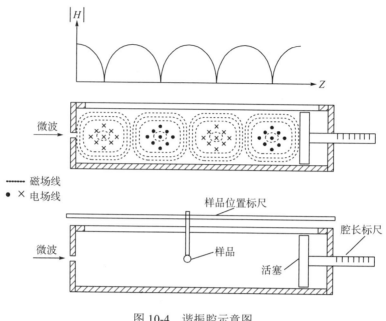

图 10-4　谐振腔示意图

2. 电磁铁系统

电磁铁系统由电磁铁、励磁电源和扫场电源组成，用于产生共振所需外磁场 $(B=B_0+B_3\cos\omega t)$。励磁电源接到电磁铁直流绕组产生 B_0，通过调整励磁电流改变 B_0 大小。扫场电源接到电磁铁交流绕组，产生 $B_3\cos\omega t$，并经过相移电路接到示波器 X 轴输入端。

3. 电子仪器

(1)微安表：测量检波电流。
(2)示波器：显示共振信号。
(3)特斯拉计：测量静磁场强度。

【实验内容及操作】

1.微波波长和谐振腔的调整

(1)按图 10-3 所示连接系统，将可变衰减器顺时针旋至最大，开启系统中各仪器的电源和三厘米固态波信号源的电源，"工作状态"置"连续"挡，预热 20 min。

(2)将"磁场"逆时针调到最低，"扫场"顺时针调到最大。按下"检波"按钮，此时磁共振实验仪处于检波状态。

(3)将样品位置刻度尺置于 90 mm 处，样品应置于磁场正中央。

(4)将单螺调配器的探针逆时针旋至"0"刻度。

（5）信号源工作于等幅工作状态，调节"可变衰减器"和"检波灵敏度"旋钮使指针指示超过 2/3。

（6）用波长表测定微波信号的频率，方法是：旋转波长表的测微头，找到电表跌落点，查波长频率表即可确定振荡频率，若振荡频率不在 9370 MHz，应调节信号源的振荡频率，使其接近 9370 MHz 的振荡频率，测定完频率后，需将波长表刻度旋开谐振点。

（7）为使样品谐振腔对微波信号谐振，调节样品谐振腔的可调终端活塞，使调谐电表指示最小，此时，样品谐振腔中产生驻波。

（8）为了提高系统的灵敏度，可减小可变衰减器的衰减量，使调谐电表显示尽可能提高。然后，调节单螺调配器指针，使调谐电表指示更小。若磁共振仪电表指示太小，可调节灵敏度，使指示增大。

2. ESR 信号的观测

（1）将励磁电源电压调到 0，打开励磁电源，打开扫场电源，按下"扫场"按钮。此时调谐电表为扫场电流的相对指示，调节"扫场"旋钮可改变扫场电流。调整示波器为 XY 工作方式，两通道都置"AC"挡，X 灵敏度置 10 mV/DIV，Y 灵敏度置 1 V/DIV，打开示波器。

（2）顺时针调节恒磁场电流，当电流达到 1.9～2 A 时，示波器上即可出现如图 10-5 所示的共振信号。若两个共振波形分散不重叠，如图 10-5（a）所示，调节"调相"旋钮即可使双共振峰处于合适的位置，如图 10-5（b）所示。

（3）调整扫场电源的相位，使两共振峰重合。调整励磁电流使共振峰居中。记录励磁电流值。用特斯拉计测量磁场。

（4）移动样品位置，两信号之间距离即为 $\lambda_g /2$。改变谐振腔腔长，重复以上步骤，测出各共振信号另外几组数据。

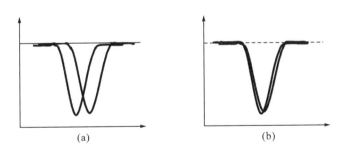

（a）　　　　　　　　　　　（b）

图 10-5　共振信号图

3. 数据处理

计算 g 因子。读取磁共振仪的电流值，根据磁共振实验仪输出电流与磁场强度 H 的数值关系曲线，确定共振时的磁场强度，根据实验时测定的频率，代入电子自旋共振条件的公式(详见实验原理部分)，即可计算出 g 因子。

【注意事项】

(1)磁极间隙的大小由教师调整，学生不要调整，以免损坏样品腔。

(2)样品位置和腔长调整不要用力过大、过猛，防止损坏。

(3)保护特斯拉计的探头，防止挤压磕碰，用后不要拔下探头。

(4)励磁电流要缓慢调整，同时仔细观察波形变化，才能辨认出共振吸收峰。

【思考题】

1. 本实验中谐振腔的作用是什么？腔长和微波频率的关系是什么？

2. 样品应位于什么位置？为什么？

3. 扫场电压的作用是什么？

【参考文献】

北京大华仪器有限公司.电子自旋共振实验仪指导及操作说明书.

陈贤镕，1986. 电子自旋共振实验技术[M]. 北京：科学出版社.

李治学，2007. 近代物理实验[M]. 北京：科学出版社.

吴思诚，王祖栓，1995. 近代物理实验[M]. 北京：北京大学出版社.

实验 11　铁 磁 共 振

【引言】

铁磁共振(ferromagnetic resonance，FMR)是指铁磁介质在稳定磁场与高频交变磁场的共同作用下的共振吸收现象。铁磁共振吸收和旋磁性的研究是铁氧体微波线性器件的基础，在铁磁体的宏观性能和微观结构的研究中也有重要的作用。1935 年朗道(Ландау)和栗弗席兹(Лифщц)在理论上预言，铁磁介质若在稳恒磁场作用下会对高频交变磁场产生共振吸收。但是一直到 1946 年由于微波技术的发展和应用，才从实验中观察到该现象。接着波耳德(Polder)和侯根(Hogan)在深入研究铁磁体的共振吸收和旋磁性的基础上，发明了铁氧体的微波线性器件，从而引起了微波技术的重大变革，使铁磁材料广泛应用于通信技术。自 20 世纪 40 年代发展起来后，铁磁共振和核磁共振、电子自旋共振等一样，成为研究物质宏观性能和分析其微观结构的有效手段。本实验主要是学习用传输式谐振腔法研究铁磁共振现象并测量 YIG 小球(多晶)的共振线宽、旋磁比 γ 和 g 因子。

【实验目的】

(1) 初步掌握微波谐振腔观察铁磁共振现象的方法。

(2) 掌握铁磁共振的基本原理和实验方法。

(3) 测量铁氧体材料的共振线宽、旋磁比 γ 以及 g 因子。

【实验原理】

1. 铁磁共振的经典描述

我们先讨论一个电子在外加磁场中的运动情况。设电子的自旋角动量 P_{S}，自旋磁矩 μ_{S}，当我们把电子放在稳恒磁场 B_0 中，而 P_{S} 与 B_0 不在同一方向时，电子将要受到一个附加力矩 $L = \mu_{S} \times B_0$ 的作用(如图 11-1 所示)，电子的自旋角动量 P_{S} 与 L 的关系为

$$\frac{\mathrm{d}P_{S}}{\mathrm{d}t} = L = \mu_{S} \times B_0 \tag{11-1}$$

在 L 作用下，电子的自旋轴将绕 B_0 轴(图 11-1 中的 z 轴)进动，即拉莫尔运动，而角动量只改变方向不改变数值大小。

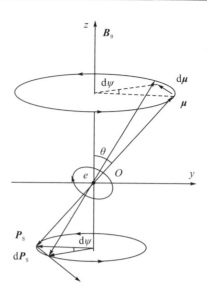

图 11-1　电子在磁场中的进动示意图

电子自旋磁矩 $\boldsymbol{\mu}_{\mathrm{S}}$ 与自旋角动量 $\boldsymbol{P}_{\mathrm{S}}$ 之间存在如下关系

$$\boldsymbol{\mu}_{\mathrm{S}} = -\gamma \boldsymbol{P}_{\mathrm{S}} \tag{11-2}$$

式中，常数 γ 为旋磁比(或回磁比)，对于自由电子其值为 $\gamma = ge/(2m)$ (g 为朗德因子，e、m 分别为电子的电量和质量。)

由式(11-1)、式(11-2)可得

$$\frac{\mathrm{d}\boldsymbol{\mu}_{\mathrm{S}}}{\mathrm{d}t} = -\gamma \boldsymbol{\mu}_{\mathrm{S}} \times \boldsymbol{B}_0 = \gamma \boldsymbol{B}_0 \times \boldsymbol{\mu}_{\mathrm{S}} \tag{11-3}$$

即在力矩 $\boldsymbol{L}$ 的作用下，电子的自旋磁矩 $\boldsymbol{\mu}_{\mathrm{S}}$ 同样发生变化，旋进方向与 $\boldsymbol{P}_{\mathrm{S}}$ 相反。设进动角频率为 $\boldsymbol{\omega}_0$，由图 11-1，假设在极短的时间 Δt 内，自旋磁矩由 $\boldsymbol{\mu}_{\mathrm{S}}$ 变到 $\boldsymbol{\mu}'_{\mathrm{S}}$，自旋磁矩的变化量为 $\Delta\boldsymbol{\mu}_{\mathrm{S}} = \mu_{\mathrm{S}}\sin\theta\Delta\psi$，于是自旋磁矩随时间的变化率为

$$\frac{\mathrm{d}\mu_{\mathrm{S}}}{\mathrm{d}t} = \mu_{\mathrm{S}}\sin\theta\frac{\mathrm{d}\psi}{\mathrm{d}t} = \mu_{\mathrm{S}}\sin\theta\omega_0 \tag{11-4}$$

由式(11-3)、式(11-4)两式比较可得 $\omega_0 = |\boldsymbol{\mu}_{\mathrm{S}} \times \boldsymbol{B}_0|\gamma/(\mu_{\mathrm{S}}\sin\theta) = \gamma B_0$，可见进动频率的大小由外加磁场 $\boldsymbol{B}_0$ 确定。如果没有损耗，这一进动将永远进行下去。但由于实际上有能量损耗，进动很快停顿，电子的自旋磁矩方向将和外加磁场一致。

实际研究的铁磁物质不是单个电子磁矩，而是由这些单个电子磁矩构成总磁矩 $\boldsymbol{M}$ (即单位体积内的总磁矩)。由磁学理论可知，物质的铁磁性主要来源于原子或离子在未满壳层中存在的非成对电子的自旋磁矩。一块宏观的铁磁体中包含有许多磁畴区域，在每一个区域中，自旋磁矩在交换作用的耦合下彼此平行排列，产生自发磁化。但各个磁畴之间的取向并不完全一致，在热运动的扰动下取向是混乱的，所以在未被磁化以前磁体对外不显磁性。只有在外磁场的作用下，铁磁体内部的所有自旋磁矩才保持同一方向，并围绕着外磁场方向进动。图 11-2 所示为在外加饱和磁场的作用下，铁磁体内部的所有自旋磁矩保

持同一方向,即在外磁场 $\boldsymbol{B}_0$ 作用下铁磁体处于饱和磁化状态,在铁磁体内的电子磁矩 $\boldsymbol{\mu}_S$ 就平行一致地排列起来。

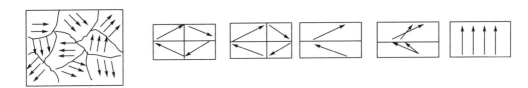

图 11-2 单晶结构铁磁体磁化过程示意图

由式(11-3)可以导出 $\boldsymbol{M}$ 绕 $\boldsymbol{B}_0$ 进动方程:

$$\frac{\mathrm{d}\boldsymbol{M}}{\mathrm{d}t} = -\gamma\boldsymbol{M}\times\boldsymbol{B}_0 = \gamma\boldsymbol{B}_0\times\boldsymbol{M} \tag{11-5}$$

由式(11-5)可知, $\boldsymbol{M}$ 绕 $\boldsymbol{B}_0$ 进动的角频率为

$$\omega_0 = \gamma B_0 \tag{11-6}$$

ω_0 的大小正比于磁场 $\boldsymbol{B}_0$。当铁磁物质同时受到两个相互垂直的磁场即恒磁场 $\boldsymbol{B}_0$ 和微波磁场 $\boldsymbol{B}_1$ 的作用后,磁矩的进动情况将发生变化。一方面,当磁矩 $\boldsymbol{M}$ 与 $\boldsymbol{B}_0$ 有夹角时,$\boldsymbol{B}_0$ 使磁矩绕它的方向作进动,频率为 ω_0;另一方面,如图 11-3 所示,$\boldsymbol{B}_1$ 对 $\boldsymbol{\mu}_S$ 有一个垂直于锥面向外的力矩 $\boldsymbol{L}_1$ 的作用,从而改变电子的进动状态。这样 $\boldsymbol{M}$ 的进动频率不再是 ω_0,而是以某一频率绕着 $\boldsymbol{B}_0$ 作进动,同时由于进动过程中,磁矩受到阻尼作用,进动振幅逐渐衰减,微波磁场对进动的磁矩起到不断的补充能量的作用。当外加的微波磁场 $\boldsymbol{B}_1$ 的角频率 $\omega_1 = \omega_0 = \gamma B_0$ 时,耦合到 $\boldsymbol{M}$ 的能量刚好与 $\boldsymbol{M}$ 进动时受到阻尼消耗的能量平衡,磁矩就维持稳定的进动,进动的磁矩会对微波能量产生一个强烈的吸收,以补充由此引起的能量损耗,这就是铁磁共振现象。

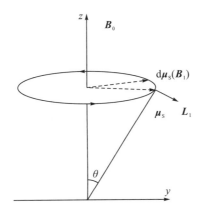

图 11-3 磁矩 $\boldsymbol{\mu}_S$ 受到两个相互垂直磁场的作用后的示意图

铁磁物质的磁化过程在实际情况下是很复杂的，我们实验中采用了铁氧体小球样品，其退磁因子各向同性，退磁场作用抵消，对进动不产生影响。由于铁磁性反映的是电子自旋磁矩的集体行为，电子的 $g \approx 2$，进动频率的频段估算在微波范围内，因此选择在此频段进行实验。

2. 铁磁共振的量子描述

从量子论的观点来看，电子由于自旋而具有自旋角动量：

$$\left| \boldsymbol{P}_{\mathrm{S}} \right| = \sqrt{S(S+1)} \hbar \tag{11-7}$$

其中，自旋量子数 $S = \pm 1/2$。由式(11-2)、式(11-7)知：

$$\left| \boldsymbol{\mu}_{\mathrm{S}} \right| = \sqrt{S(S+1)} \gamma \hbar \tag{11-8}$$

当电子置于外加磁场 $\boldsymbol{B}_0$ 中时，由于空间量子化，电子取向不是任意的，如图 11-4 所示。

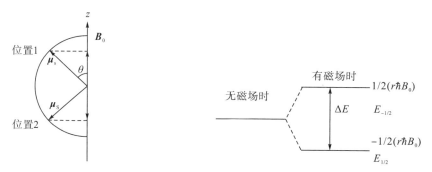

图 11-4 外加磁场中电子空间量子化取向示意图   图 11-5 电子能级塞曼分裂示意图

若取 $\boldsymbol{B}_0$ 的方向为坐标轴 z 的方向。则 $\boldsymbol{P}_{\mathrm{S}}$ 和 $\boldsymbol{\mu}_{\mathrm{S}}$ 在 z 方向的取值分别为

$$P_Z = \pm S\hbar, \quad \mu_Z = \mp S\gamma\hbar,$$

$$\cos\theta = \frac{\mu_{\mathrm{S}}}{\mu_Z} = \frac{S}{\sqrt{S(S+1)}} \tag{11-9}$$

此时，电子的能级发生塞曼分裂，如图 11-5 所示，变为 $2|S|+1$ 个能级。

不同能级对应于磁矩 $\boldsymbol{\mu}_{\mathrm{S}}$ 的不同空间取向，电子在磁场 $\boldsymbol{B}_0$ 中的附加能量为

$$E = -\boldsymbol{\mu}_{\mathrm{S}} \cdot \boldsymbol{B}_0 = S\gamma\hbar B_0 \tag{11-10}$$

因为 $S = \pm 1/2$，故电子有两个等分能级，这两个相邻能级间的能量差为

$$\Delta E = E_{-1/2} - E_{1/2} = \frac{\gamma\hbar B_0}{2} - \left(-\frac{\gamma\hbar B_0}{2} \right) = \gamma\hbar B_0 \tag{11-11}$$

由电子跃迁理论可知，电子可以从高能级($E_{-1/2}$)自发地向低能级($E_{1/2}$)跃迁，但不能自发地由低能级向高能级跃迁。若在垂直于 $\boldsymbol{B}_0$ 的平面内加上一个角频率为 $\omega_1 = \omega_0$ 的交变磁场 $\boldsymbol{B}_1$ 并使它的能量子 $\hbar\omega_0$ 正好等于两相邻能级的能量差 ΔE，即

$$\hbar\omega_0 = \Delta E = \gamma\hbar B_0 \tag{11-12}$$

那么，处于低能级的电子就可能吸收交变磁场的能量子 $\hbar\omega_0$ 而跃迁到高能级，这就产生了宏观的铁磁共振现象。而 $\omega = \omega_0 = \gamma B_0$ 通常称为共振条件。由共振条件可知，共振频率与磁场有关，外磁场越强，相应的共振频率越高。本实验中将微波交变磁场 $\boldsymbol{B}_1$ 的角频率固定为 ω，调节由稳恒电流产生的稳恒磁场 $\boldsymbol{B}_0$，使 $\omega = \gamma B_0$ 时产生共振跃迁。

3. 铁磁共振线宽

由于铁磁物质粒子体系处于低能级上的粒子数远远大于处于高能级的粒子数，共振时低能级上的电子从交变磁场中吸收能量，跃迁至高能级；同时，另一部分处于高能级上的电子与晶格相互作用时，自发地将吸收的能量传递给晶格（宏观上转移为热能）后重新回到低能级上，这时，自发跃迁与受激跃迁的概率相等，从而使高能级上的粒子数相对稳定，使我们能观察到一个稳定的共振吸收信号。

在微波频率下，这种吸收是外加稳定磁场的函数，而且呈单峰特性，如图 11-6 所示。

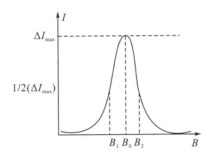

图 11-6 铁磁共振吸收峰

这是由于各电子磁矩所造成的微扰场（即电子相互作用）各有不同，它们的进动频率也不完全一样。所以当固定交变磁场 $\boldsymbol{B}_1$ 的角频率，改变磁场 $\boldsymbol{B}_0$ 的大小时，根据共振条件即 $(\omega = \gamma B_0)$ 可知，电子发生共振吸收现象不仅发生在某一点上，形成的共振吸收曲线有一定的宽度，我们将吸收曲线半高度所对应的磁场宽度 $\Delta B = B_2 - B_1$ 称为共振线宽。ΔB 是描述微波铁氧体材料性能的一个重要参量，因为样品的线宽与样品中原子、分子运动状态和样品所处物理、化学状态密切相关。测量 ΔB 对于研究铁磁共振的机理和提高微波器件的性能十分重要，它的大小标志着磁损耗的大小。常用旋磁比 γ 和线宽 ΔB 表示铁氧体材料吸收特性。

【实验仪器与装置测量原理】

1. 实验仪器

微波铁磁共振实验仪器由 DH1121B 型三厘米固态信号源、振荡器、隔离器和主机组成（图 11-7）。体效应管装在工作于 TE108 模的波导谐振腔中。调节振荡器的螺旋测微器，可改变调谐杆伸入波导腔的深度，从而连续平滑地改变微波谐振频率。隔离器保证振荡器与负载间的匹配与隔离，使微波输出的频率和功率更加稳定。可变衰减器用来控制输入样品谐振腔的微波功率；样品谐振腔前端的隔离器和单螺调配器用来匹配负载，使之通过谐振腔的功率最大；频率计配以检波微安表可监测信号源的频率；谐振腔由两端带耦合片的一段矩形直波导构成。与检波器相连接的数字微安表用来监测谐振腔的输出功率；由磁共振仪输出的直流电源供给电磁铁线圈直流电流，使之产生磁场，不断改变直流电源的输出，则使线圈中心的稳恒磁场不断变化。数字特斯拉计可以直接读出霍耳变送片所在位置的磁场强度，单位为毫特(mT)。波长表配合波长频率表，测量微波频率。

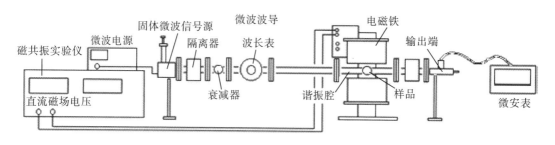

图 11-7　铁磁共振实验装置图

2. 实验装置测量原理

样品和谐振腔构成一个谐振系统，在共振区附近，在保持输入谐振腔的微波功率不变，微波频率等于谐振频率的情况下，改变磁场 B_0 的大小使样品发生共振，通过观测谐振腔输出功率的变化来确定样品对微波的吸收情况。在这样的情况下，被样品吸收的微波功率的大小就是谐振腔输出功率的变化量。谐振腔的输出功率随 B_0 的变化曲线如图 11-8 所示，而谐振腔的输出功率的测量是由微波检波晶体二极管来进行的，在测量范围内二极管遵从平方率检波关系，故检波电流与微波功率成正比，因此谐振腔输出功率的变化量 ΔP 与电流 I 的变化量 ΔI 成正比。这样就可由 $\Delta I \sim B$ 曲线替代 $\Delta P \sim B$ 曲线，据此可求出样品的线宽。

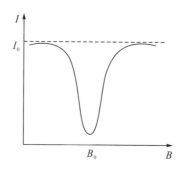

图 11-8　铁磁共振的 $I \sim B$ 曲线

当磁场 B 不断变化时，样品在一个大区域内发生共振，当 B 变为 B_0 时，样品发生铁磁共振的概率达到最大，微安表的读数最小，根据这时的 B_0 及微波频率可以由 $\omega = \gamma B_0$ 求出旋磁比。根据测量数据用坐标纸绘图，先绘图 11-8，由图 11-8 绘制图 11-6，利用图 11-6 求 B_0、B_1、B_2，由信号源频率求 ω_0，最后求出 γ 及 ΔB。

【实验内容及操作】

(1) 打开微波信号源及数字特斯拉计的电源开关，预热 20 min。

(2) 调节微调振荡器、观察电流计，使输出电流最大。

(3) 调节衰减器，使输出在 100 μA 左右，测量微波频率，看是否在 9000 MHZ 左右。

(4) 开启并调节励磁电源，观察输出随磁场的变化情况，是否如图 11-8 所示曲线。若不满足则仔细微调信号源频率。

(5) 测量 $I \sim B$ 曲线，测量时变化缓慢区域每隔 50 mT 或 100 mT 测量一次相应 I 值，变化较陡区域每隔 10～50 mT 测量一次相应 I 值。

【思考题】

1. 说明用通过式谐振腔测量 FMR 线宽的基本原理。

2. 测量线宽时要保证哪些实验条件？为什么？说明测量线宽的实验步骤。

3. 谐振腔和 YIG 小球应分别放置在哪个位置上？为什么？

4. 为什么放置样品的矩形谐振腔的宽边要与稳恒磁场的方向垂直？

【参考文献】

北京大华无线电仪器厂. 铁磁共振实验装置技术说明书.

韩忠，2012. 近现代物理实验 [M]. 北京：机械工业出版社.

李治学，2007. 近代物理实验 [M]. 北京：科学出版社.

吴思诚，王祖铨，1999. 近代物理实验 [M]. 北京：北京大学出版社.

第四章　真空与低温技术

　　凡是低于标准大气压的气体状态均称为真空。1643 年，托里拆利在一端封闭的玻璃管内装满水银，然后把它倒立在水银槽内，管子顶端出现了一段空处，从而确立了真空的概念，并测得了大气压强的值。三百多年以来，随着科学技术的迅猛发展，真空技术在各个领域得到广泛应用和发展。尤其是 20 世纪以来，真空技术更是遍及化学、生物、医学、电子学、表面科学、高能物理、空间技术、材料科学及低温超导领域。

　　真空镀膜技术是一种新颖的材料合成与加工的新技术，是表面工程技术领域的重要组成部分。真空镀膜是利用物理、化学手段将固体表面涂覆一层特殊性能的材料，从而使固体表面具有耐磨、耐高温、耐腐蚀、抗氧化、防辐射、导电、导磁、绝缘和装饰等功能，以提高产品质量、延长产品寿命、节约能源等。

　　1877 年，人们液化氧获得了-183℃的低温，随后，氮、氢等气体相继液化成功，1908 年液化氦获得了-269℃的更低温度。20 世纪 60 年代，可以使低温长时间保持在 mK 级低温区，使低温物理研究有了很大进步。在低温状态下，许多物质都具有一些与常温状态下不同的特性，特别是一些固体材料，在低温状态下，材料的电学、磁学或光学等性质会发生很大的变化，甚至可以观察到超导电性、量子效应等。

　　本章包括了高温超导材料特性测试、四探针法测量金属薄膜电阻率、用椭偏仪测量薄膜的厚度和折射率、真空技术与真空镀膜、台阶仪的使用及薄膜厚度的测量五个近代物理实验。

实验 12　高温超导材料特性测试

【引言】

自超导电现象 1911 年首次被发现以来,超导体就以奇特的性质(即零电阻、反磁性、量子隧道效应等)一直吸引着人们的注意。在低温下超导是一种相当普遍的现象,但转变温度过低(23 K 以下)使它们的应用受到了极大的限制,直到 1986 年,德国物理学家伯格茨(Bednorz)和瑞典物理学家米勒(Muller)一起发现了 La-Ba-Cu-O(35 K)的氧化物超导体,1987 年美籍华人科学家朱经武发现了 Y-Ba-Cu-O(93 K)氧化物超导体,世界范围内又掀起了超导研究的新热潮。现在高温超导材料一般指的是临界温度在热力学温度 77 K以上、电阻接近零的超导材料,目前汞系超导体的转变温度已超过 130 K。超导具有高载流能力和低能耗特性,目前已生成如超导电缆、超导开关、高温超导电机、超导磁悬浮列车、超导核磁共振人体成像仪(magnetic resonance imaging,MRI)等多项超导技术。超导以其独特而优异的性质将会在高能物理、电力工程、电子技术、生物磁学、航空航天、医疗诊断等领域发挥越来越大的作用。

【实验目的】

(1) 了解高临界温度超导材料的基本特性及其测试方法。
(2) 了解金属和半导体 P-N 结的伏安特性随温度的变化以及温差电效应。
(3) 测出超导体的转变温度,并绘制曲线进行相关分析。

【实验原理】

1. 超导材料物理特性及临界参数

1)零电阻现象

1911 年,荷兰科学家翁纳斯(H.Kamerlingh Onnes)在实现了氦气液化之后,用液氦冷却水银线并通以几毫安的电流,在测量其端电压时发现:当温度稍低于液氦的正常沸点时,水银线的电阻突然跌落到零,这就是所谓的零电阻现象或超导电现象。通常把具有这种超导电性的物体称为超导体;而把超导体电阻突然变为零的温度称为超导转变温度,用 T_c 表示。在一般的实际测量中,地磁场并没有被屏蔽,样品中通过的电流也并不太小,而且超导转变往往发生在并不很窄的温度范围内,因此通常引进起始转变温度 $T_{c,\text{onset}}$、零电阻温度 T_{c0} 和超导转变(中点)温度 T_{cm} 等来描述高温超导体的特性,如图 12-1 所示。通常所

说的超导转变温度 T_c 是指 T_{cm}。

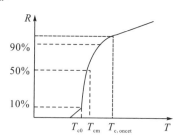

图 12-1 超导体电阻的转变温度

迄今为止，已发现 28 种金属元素及许多合金和化合物具有超导电性，还有些元素只在高压下才具有超导电性。现代超导重力仪的观测表明，超导态即使有电阻，其电阻率必定小于 $10^{-28}\Omega\cdot m$，这个值远远小于目前发现的正常金属所能达到的最低的电阻率 $10^{-15}\Omega\cdot m$，因此可以认为超导态的电阻率确实为零。

2）完全抗磁性

1933 年，德国物理学家迈斯纳（W.F.Meissner）和奥克森菲尔（R.Ochsenfeld）把锡和铅样品放在外磁场中冷却到其转变温度以下，测量了样品外部的磁场分布。他们发现，无论有无外加磁场，样品从正常态变为超导态，只要 $T<T_c$，在超导体内部的磁感应强度 B 总是等于 0，这个效应称为迈斯纳效应，表明超导体具有完全抗磁性。迈斯纳效应可用磁悬浮实验来演示，当我们将永久磁铁慢慢落向超导体时，磁铁会被悬浮在一定的高度上而不触及超导体，其原因是磁感应线无法穿过具有完全抗磁性的超导体，因而磁场受到畸变而产生向上的浮力。

超导体的这两个特性既相互独立又有紧密的联系，完全抗磁性不能由零电阻特性派生出来，但是零电阻特性却是迈斯纳效应的必要条件。

3）临界参量及测量方法

温度的升高，磁场或电流的增大，都可以使超导体从超导态转变为正常态，因此常用临界温度 T_c、临界磁场 B_c 和临界电流密度 J_c 作为临界参量来表征超导材料的超导性能。常用测试超导体表征的方法有：

(1)临界温度 T_c 的测试。T_c 是超导体临界转变温度的主要参数，常用电阻测量法和磁测量法。

(2)临界磁场 B_c 的测试。测量磁场的主要设备有交流互感电桥、磁强计、超导量子干涉仪等，主要测量磁化率和磁化率与温度变化的曲线。

2. 低温温度计

1）金属电阻温度计

根据马德森定则，金属电阻率 ρ 与温度 T 的关系可表示为

$$\rho = \rho_i(T) + \rho_r \tag{12-1}$$

式中，ρ_r 为剩余电阻率，是材料中的杂质和缺陷对导电电子的散射而形成的电阻率；$\rho_i(T)$ 为导电电子受到晶格原子不规则热振动的散射而形成的电阻率。

当温度趋于绝对零度时，理想的完全规则排列的原子(晶格)周期场中的电子处于确定的状态，$\rho_i(T)$ 为 0，这时的电阻几乎完全由杂质散射所造成。当温度升高时，晶格原子的热振动会引起电子运动状态的变化，$\rho_i(T)$ 变大。理论计算表明，当 $T>\Theta_D/2$ 时，$\rho_i(T) \propto T$ (其中 Θ_D 为德拜温度)，ρ_r 在金属纯度很高时近似与温度无关，这时总电阻可以近似表达为

$$R \approx AT + B$$

或

$$T(R) \approx aR + b$$

式中，A、B、a 和 b 是不随温度变化的常量。

例如，铂的德拜温度为 225 K，在 63 K 到室温的温度范围内，它的电阻近似地正比于温度。然而，稍许精确的测量就会发现它们偏离线性关系。在较宽的温度范围内铂的电阻温度关系如图 12-2 所示。因此，铂电阻温度计在液氮正常沸点和冰点的电阻值可以确定所用的铂电阻温度计的 A、B 或 a、b 的值，并由此可以得到用铂电阻温度计测温时任一电阻所对应的温度值。

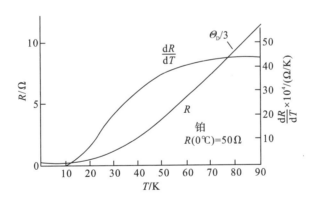

图 12-2 铂的电阻温度关系

2) 半导体温度计

半导体具有与金属不相同的电阻温度特性。一般而言，在较大的温度范围内，半导体具有负的电阻温度系数。半导体的导电机制比较复杂，电子(e^-)和空穴(e^+)是使半导体导电的粒子，常称为载流子。在纯净的半导体中，由所谓的本征激发产生载流子。而在掺杂的半导体中，除了本征激发外，还有所谓的杂质激发也能产生载流子，因此具有比较复杂的电阻温度关系。如图 12-3 所示，锗电阻温度计的电阻温度关系可以分为四个区，在 I 区中，半导体本征激发占优势，它所激发的载流子的数目随着温度的升高而增多，使其电阻

随温度的升高而呈指数下降。当温度降低到 II 和 III 区时,半导体杂质激发占优势,在 III 区中温度开始升高时,它所激发的载流子的数目也随着温度的升高而增多,从而使其电阻随温度的升高而呈指数地下降;但当温度升高进入 II 区中时,杂质激发已全部完成,因此当温度继续升高时,由于晶格对载流子散射作用的增强以及载流子热运动的加剧,电阻随温度的升高而增大。最后,在 IV 区中温度已经降低到本征激发和杂质激发几乎都不能进行,这时靠载流子在杂质原子之间的跳动而在电场下形成微弱的电流,因此温度越高电阻越低,适当调整掺杂元素和掺杂量可以改变 III 和 IV 这两个区所覆盖的温度范围以及交接处曲线的光滑程度,从而做成所需的低温锗电阻温度计。

此外,硅电阻温度计、碳电阻温度计、渗碳玻璃电阻温度计和热敏电阻温度计等也都是常用的低温半导体温度计。显然在大部分温区中,半导体具有负的电阻温度系数,这是与金属完全不同的。

在恒定电流下硅和砷化锌二极管 P-N 结的正向电压随着温度的降低而升高,如图 12-4 所示。用一只二极管温度计就能测量很宽范围的温度且灵敏度很高。由于二极管温度计的发热量较大,常把它用作为控温敏感元件。

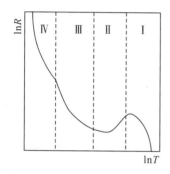

图 12-3　半导体锗的电阻温度关系

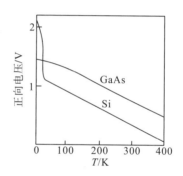

图 12-4　二极管正向 T-V 关系

3) 其他温度计

温差电偶温度计测温结点小,制作简单,常用来测量小样品的温度变化。渗碳玻璃电阻温度计的磁效应很弱,可用于测量在强磁场条件下工作的部件的温度。可见不同温度计有其不同的适用环境。因此,我们必须了解各类温度传感器的特性和适用范围。

【实验仪器与装置】

1. 杜瓦容器是盛装液氮的装置

杜瓦容器的结构如图 12-5 所示。充液氮时,注意室内通风,也需注意避免液氮与人体接触,具体使用请阅读产品使用说明书。

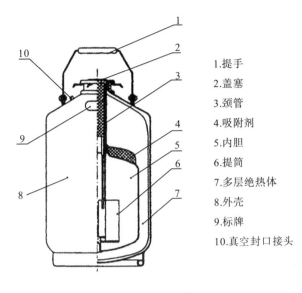

图 12-5　杜瓦容器

1.提手
2.盖塞
3.颈管
4.吸附剂
5.内胆
6.提筒
7.多层绝热体
8.外壳
9.标牌
10.真空封口接头

2. 低温恒温器(俗称探头)

低温恒温器的核心部件是高临界温度超导样品。其上部装有前级放大器,底部是样品室。棒身采用薄壁的德银管或不锈钢管制作。底部样品室的结构见图 12-6。

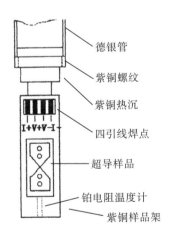

德银管
紫铜螺纹
紫铜热沉
四引线焊点
超导样品
铂电阻温度计
紫铜样品架

图 12-6　探棒样品室内结构图

在液氮正常沸点到室温的温度范围内,一般材料的热导较差,比热较大,使低温装置的各个部件具有明显的热惰性,温度计与样品之间的温度一致性较差。为了使温度计和超导样品具有较好的温度一致性,我们将铂电阻温度计的测温端固定在紫铜样品架上,超导样品与四根电引线也固定在样品架上,四引线连接是通过焊接后密封。探棒样品室内结构见图 12-6 所示,它包括铂电阻温度计、超导样品、四引线焊点、紫铜热沉、德银管等,并可控制探头插入液氮的深度。紫铜块外壁与液氮的热接触将冷量传给内部紫铜块样品架。

3. 测量设备

测量仪主机面板图见图 12-7。它包括两个数字电压表("1"和"4"),左边的用于显示样品电流和经放大后的温度计电压值,只要除以放大倍数(40 倍)就可以得到温度计的原始电压值,通过查表就可知对应的温度值;右边的用于显示温度计电流和经放大后的样品电压值,除以已知的放大倍数,可得样品的原始电压值,除以样品电流得到样品的阻值。"2"为按键开关:分别控制左右两边的数字电表。"3"为放大倍数按键:分别有 2000、6000 和 10000 三挡可供选择。"5"为样品电流调节电位器,用于调节样品所需电流的大小,电流在 1.5~33 mA 连续可调。

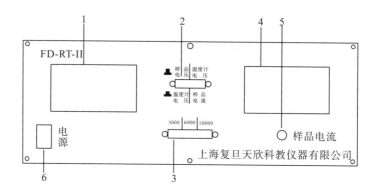

1. 数字电压表;2. 按键开关;3. 放大倍数按键;4. 数字电压表;5. 样品电流调节电位器;6. 电源开关

图 12-7　主机面板图

【实验内容及操作】

1. 实验内容

测量 Y-Ba-Cu-O 超导材料 R-T 曲线及临界转变温度 T_c

1)超导电阻 R 的测量——四引线测量法

电阻测量的原理性电路如图 12-8 所示,测量电流由恒流源提供,其大小可由标准电阻 R_n 上的电压 U_n 的测量值得出,即 $I = U_n / R_n$,如果测量得到了待测样品上的电压 U_x,则待测样品的电阻为

$$R = \frac{U_x}{I} = \frac{U_x}{U_n} R_n \tag{12-2}$$

由于低温物理实验装置的原则之一是必须尽可能减小室温漏热,因此测量引线通常是又细又长,其阻值有可能远远超过待测样品(如超导样品)的阻值。为了减小引线和接触电阻对测量的影响,通常采用所谓的"四引线测量法",即每个电阻元件都采用四根引线,其中两根为电流引线,两根为电压引线。

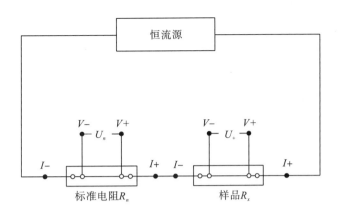

图 12-8　四引线法图示

四引线测量法的基本原理是恒流源通过两根电流引线将测量电流 I 提供给待测样品，而数字电压表则是通过两根电压引线来测量电流 I 在样品上所形成的电势差 U。由于两根电压引线与样品的接点处在两根电流引线的接点之间，因此排除了电流引线与样品之间的接触电阻对测量的影响；又由于数字电压表的输入阻抗很高，电压引线的引线电阻以及它们与样品之间的接触电阻对测量的影响可以忽略不计。因此，四引线测量法减小甚至排除了引线和接触电阻对测量的影响，是国际上通用的标准测量方法。

2）乱真电动势的克服

为了判定超导样品是否达到了零电阻的超导态，克服乱真电动势的影响，必须使用反向开关。

只要材料存在非均匀性和温差，就有温差电动势，通常称为乱真电动势。低温物理实验中，待测样品和传感器往往处在低温状态下，而测量仪器却处在室温，因此它们之间的连接导线处在温差很大的环境中，而且沿导线的温度分布还会随着低温液体液面的降低、低温恒温器的移动以及内部情况的其他变化而改变。所以在涉及低电势测量的低温物理实验中，特别是在超导样品的测量中判定和消除乱真电动势的影响是十分重要的。当然如果有条件，采用锁相放大器来测量低频交流电阻是一种比较好的方法。

2. 实验操作

本实验装置的连线图如图 12-9 所示。

1）液氮的灌注

使用液氮时一定要注意安全，例如不要让液氮溅到人的身体上，也不要把液氮倒在有机玻璃盖板、测量仪器或引线上；液氮气化时体积将急剧膨胀，切勿将容器出气口封死；氮气是窒息性气体，应保持实验室有良好的通风。

在实验开始之前，先检查实验用不锈钢杜瓦容器中是否有剩余液氮或其他杂物，如有则须将其倒出，清理干净后，可将输液管道的一端插入贮存液氮的杜瓦容器中，拧紧固定螺母，并将输液管道的另一端插入实验用不锈钢杜瓦容器中，然后关闭杜瓦容器上的通大气的阀门，使其中的氮气压强逐渐升高，于是液氮将通过输液管道注入实验用不锈钢杜瓦容器。

2) 电路的连接按图 12-9 所示连接好仪器。

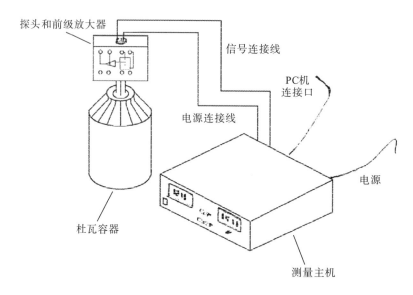

图 12-9　仪器连接图

3) 室温检测

用温度计测出实验环境的室温。

4) 超导转变温度曲线的测量

把样品从干燥箱取出后，焊接到样品架上，注意不要焊动四引线接到样品架上的四焊点的涂银丝。

将探头插入杜瓦容器中，注意插入深度。打开主机电源，设置样品电压在 1.0 V 左右，具体数值由实验中得到。以温度为横坐标，样品电阻为纵坐标作曲线，得到超导转变曲线；当样品电压刚好降到 0 V 时，测出此时的温度计电压值，查铂电阻 U-T 对应表，即可获得超导的 T_c 值。

【注意事项】

(1) 安装或提拉测试探头时，必须轻拿轻放，防止滑落。

(2) 使用液氮时不要让液氮接触皮肤，以免造成冻伤。

(3) 所用样品为 Y-Ba-Cu-O 材料，易吸收空气中的水汽使其超导性能变坏，因此实验完后用电吹风吹热风，给探头升温去霜后，在近室温条件下从样品架上焊下样品，立即放入有硅胶的容器中密封保存或放入干燥箱中保存。

(4)不锈钢金属杜瓦容器的内筒壁厚仅为 0.5 mm，应避免硬物的撞击，杜瓦容器顶部的真空封嘴要加以保护，切忌碰伤。

【思考题】

1. 超导材料具有什么基本特性？哪些临界参量法可用来表征超导材料？
2. 在四引线测量法中电流引线和电压引线能否互换？为什么？
3. 确定超导样品的零电阻时为什么常常采用反向开关？请说明原因和使用方法。

【参考文献】

李治学，2007. 近代物理实验[M]. 北京：科学出版社.

刘恩科，朱秉升，罗晋生，1984. 半导体物理学[M]. 上海：上海科学技术文献出版社.

陆果，陈凯旋，薛立新，2001. 高温超导材料特性测试[J]. 物理实验，21(5)：5-10.

上海复旦天欣科教仪器有限公司. FD-RT-II 高温超导转变温度测量仪说明书.

郑庚兴，王和平，2004. 大学物理实验[M]. 上海：上海科学技术文献出版社.

实验 13　四探针法测量金属薄膜电阻率

【引言】

薄膜指从单原子层厚到微米级厚度的材料。薄膜材料很早就被应用于大众的生活中，如试衣镜就是通过在玻璃背后涂银膜作为反光层，从而达到"以镜为鉴，可以正衣冠"的效果。近年来，以薄膜为代表的低维材料成为物理学、材料学的研究大热点之一，特别是以石墨为代表的二维材料。得益于科学研究以及磁性记录媒质、集成电路、半导体异质结、LEDs、光学涂抹、薄膜太阳能电池、面板技术、柔性可折叠电子器件等高新技术对薄膜的强烈需求，薄膜技术经历了快速的发展过程。

金属薄膜是一种重要的薄膜材料，在微纳米半导体器件中可以用作接触电极，在生活中可以用作装饰，在工业中可以用作材料表面改性或者保护，而金属薄膜的质量好坏对这些应用有重大影响。金属薄膜的质量取决于其原子种类、原子排列结构及位错、空位、杂质的多少。而这些因素又会在电阻率上有反映，所以通过测量金属薄膜电阻率可以评估金属薄膜的质量好坏。

【实验目的】

(1) 了解金属电阻率的微观机理。
(2) 掌握薄膜的尺寸效应。
(3) 掌握金属薄膜电阻率影响因素。
(4) 掌握四探针测量金属薄膜电阻率的方法。

【实验原理】

1. 金属电阻率的微观机理

金属材料对最外层电子的束缚作用小，该部分电子可以看作自由电子从而成为电流的载体。金属中的自由电子满足费米分布，根据自由电子的 Drude 理论可以得到金属电导率为

$$\sigma = \frac{nq^2\tau}{m^*}$$

式中，n 为自由电子的浓度；q 为电荷量；τ 为自由电子弛豫时间，对应着经典的电子自由碰撞时间(两次碰撞之间电子自由运动所需的平均时间)；m^* 为自由电子的有效质量。

一般情况下，电导率 σ 和电阻率 ρ 的关系是：$\sigma=1/\rho$。且自由碰撞时间 τ 和平均自由程

l 的关系是：$l=\tau V_\mathrm{F}$，V_F 是费米速度。因此，对于电阻率有

$$\rho = \frac{m^* V_\mathrm{F}}{nq^2 l}$$

可以看出，影响电阻率的因素是：m^*、V_F、n、q、l。其中，m^*、V_F、n 由原子种类及其排列结构决定；此处电荷 q 等于元电荷值 e；l 由自由电子受到的散射情况决定，常见散射源有：原子及其排列结构(原子散射与声子散射)、杂质散射(电离杂质散射和中性散射)和缺陷散射(空位、位错、界面散射)。

2. 金属薄膜电阻率的影响因素

由于薄膜需求多样，因此薄膜制备技术也种类繁多，所得薄膜的结构、杂质、缺陷都不一样，所以金属薄膜电阻率差别也非常大。为了定性理解实验测量的电阻率数据，我们将从原子及其排列结构、尺寸效应、缺陷三个方面来分析金属薄膜电阻率的影响因素。

1)原子及其排列结构

金属原子种类首先决定了每个金属原子的自由电子数目，考虑原子排列结构后就可以知道单位体积自由电子的数目，即电子浓度 n。不同的金属原子与自由电子的相互作用是不一样的，致使不同金属的散射截面(原子散射)存在差异，从而导致其电阻率因原子种类不同而不同。

尽管薄膜金属材料和普通金属材料(体材料)的原子种类是一样的，但是电阻率仍然有巨大差别，有一个重要原因就是原子排列结构的差异导致自由电子受到的散射差异很大，见图 13-1。一般的体材料，如金属块都有较为完整的晶体结构，如立方密排结构[图 13-1(a)为其中的一个面]，自由电子在其中受到的是周期性排列的有序原子阵列的散射，可以用能带理论进行研究。而金属薄膜的原子排列结构则因制备方法而异，如电镀膜、热蒸发镀膜、磁控溅射镀膜制备的多是多晶体或者非晶体材料，原子排列没有整体、大范围的周期性规律，甚至杂乱无章，见图 13-1(b)；机械剥离、分子束外延和化学气相沉积可以制备晶体薄膜样品，原子具有周期性有序的排列结构，见图 13-1(a)。总之，在研究金属薄膜的电阻率的时候，一定要清楚其原子排列结构。

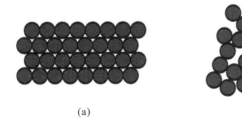

(a)　　　　　　　　　　　　(b)

(a)周期性有序排列；(b)无序排列

图 13-1　金属原子排列的两种方式(此处仅展示一个面的结果)

2)尺寸效应

经典的尺寸效应现象是指当薄膜厚度和体材料的平均自由程(如金的平均自由程约40 nm)可以比拟的时候,薄膜电阻率大于体材料电阻率的现象。这是因为当薄膜的厚度小于平均自由程的时候,薄膜表面会限制自由电子的运动,导致实际有效的平均自由程变短,根据电阻率公式可知,此时电阻率会变大。该现象在 1898 年被斯通尼(Stony)发现,1901年汤姆森(Thomson)用尺寸效应对其进行了解释。尺寸效应还有量子版本,即量子尺寸效应,指薄膜的厚度和电子的德布罗意波长可比的时候,电子能级会出现量子化,这也是著名的二维材料出现条件。

下面通过汤姆森对尺寸效应的解释过程,具体了解尺寸效应对电阻率的影响。除了基本要求 $l<h$ 外,他还做了两个假设:①体材料的平均自由程 l 为常数且在输运过程中保持不变;②电子与薄膜表面发生碰撞后可以任意角度入射到材料内部,所以这个散射过程与电子初始和最后的运动方向无关。

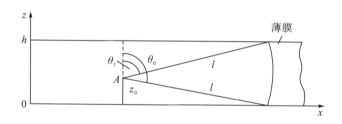

x 平面为薄膜平面;z 为薄膜厚度方向;h 为薄膜厚度;l 为体材料的平均自由程

图 13-2   汤姆森模型

如图 13-2 所示,电子从 A 点(距离薄膜表面 z_0)以 θ 角度(与 z 轴的夹角)开始运动。当 $0<\theta<\theta_1$ 时,电子与材料内部的散射源(如声子和缺陷)尚未发生作用就与表面发生碰撞,因此实际的平均自由程小于体材料的平均自由程 l;当 $\theta_1<\theta<\theta_0$ 时,电子与表面碰撞前,先与内部的散射源发生相互作用,实际的平均自由程和体材料平均自由程一样;当 $\theta_0<\theta<\pi$ 时,实际的平均自由程小于体材料平均自由程 l。总之,在薄膜中的电子的实际有效自由程 l_e(注意此处没有"平均")为

$$l_e = \begin{cases} \dfrac{h-z_0}{\cos\theta}, & 0<\theta<\theta_1 \\[2mm] l, & \theta_1<\theta<\theta_0 \\[2mm] -\dfrac{z_0}{\cos\theta}, & \theta_0<\theta<\pi \end{cases}$$

式中,有限制条件:$\cos\theta_1=(h-z_0)/l$,$\cos\theta_0=-z_0/l$。

薄膜中电子的有效平均自由程 l_t 需要对整个薄膜厚度和所有角度进行积分:

$$l_t = \frac{1}{h}\int_0^h \mathrm{d}z \int_0^\pi l_e \sin\theta \,\mathrm{d}\theta = \frac{h}{2}\left(\ln\frac{l}{h}+\frac{3}{2}\right)$$

根据电阻率公式，电阻率反比于平均自由程，因此金属薄膜电阻率 ρ_f 和金属体材料电阻率 ρ_0 的比值为

$$\frac{\rho_f}{\rho_0} = \frac{2\dfrac{l}{h}}{\ln\dfrac{l}{h} + \dfrac{3}{2}}$$

该比值随 $h/l \leqslant 1$ 的变化关系见图 13-3，可以看到薄膜电阻率随着薄膜厚度变薄而迅速增大，即尺寸效应。

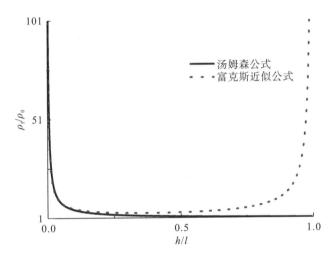

图 13-3　金属薄膜与体材料电阻率比值随着薄膜厚度与平均自由程比值的变化关系

汤姆森的模型没有考虑从另一个表面出发的电子，在每一个点给定动量的所有电子都必须考虑，即考虑电子的分布规律，同时还要考虑自由程的分布，利用分布函数积分。1938年，富克斯(Fuchs)进行了更全面的考虑，得到了新的薄膜电阻率公式，其中在 $\dfrac{h}{l} \ll 1$ 的近似公式为

$$\frac{\rho_f}{\rho_0} \approx \frac{4l}{3h\ln\left(\dfrac{l}{h}\right)}$$

其变化关系见图 13-3，该公式在 $\dfrac{h}{l} \sim 1$ 的时候不适用，但在薄膜厚度很薄($\dfrac{h}{l} \ll 1$)的时候与汤姆森模型是符合的。

3) 缺陷

缺陷是材料中不满足理想原子排列结构的原子点(点缺陷)、原子排列线(线缺陷)、原子排列面(面缺陷)甚至部分区域(体缺陷)。根据晶体理论，如果金属薄膜是理想的晶体，那么原子是规则的周期性排列，如图 13-1(a)所示；然而实际的薄膜晶体不可能完全理想，会有各种各样的缺陷。缺陷也会导致自由电子受到散射，产生电阻，不同的缺陷分布，散

射情况不一样，电阻率也有较大差异，因此，有必要对材料中缺陷种类有基本认识。

晶体中常见的缺陷有：

(1)空位，一种点缺陷，即本来应该有原子的点，但缺失原子，见图 13-4(a)。

(2)间隙原子，一种点缺陷，原本没有原子的点出现原子，见图 13-4(b)。

(3)杂质，一种点缺陷，部分原子被其他杂质原子替代，见图 13-4(c)。

(4)位错，一种线缺陷，即某条线上的原子的整体错位，和整体的晶体结构不一致，见图 13-4(d)。

(5)晶界，一种面缺陷，指的是晶体中许多区域有很好的晶体结构，但是区域间会有界面，界面即是晶界，见图 13-4(e)。

(6)孔洞、断裂等宏观缺陷，即体缺陷。

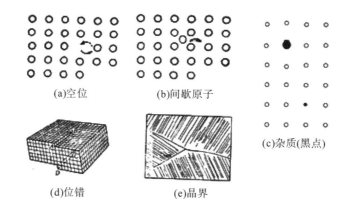

(a)空位　　　　(b)间歇原子

(c)杂质(黑点)

(d)位错　　　　(e)晶界

图 13-4　材料中常见的几种缺陷

对于多晶薄膜，如图 13-4(e)，缺陷情况和晶体薄膜情况差不多；而非晶体薄膜尽管本身原子排列杂乱无章，严格意义上，上述缺陷的概念是不适用的，但是类似空位、间隙原子、杂质等现象依然存在。

综合以上三类电阻率影响因素，在实际研究金属薄膜电阻率的时候，根据重要性，首先应该清楚薄膜的原子及其排列结构，然后再讨论薄膜厚度，最后讨论缺陷的影响。

3. 四探针测量金属薄膜电阻率

测量电阻率是很常见的实验活动，对于常见的条形电阻(图 13-5)，由于电流沿着条形方向均匀流过，所以有电阻率公式：$\rho=RA/l$。对于薄膜样品，既不能保证电流均匀流过，又不能像条形电阻一样制备测量电极，必须有新的测量方法，而四探针法就是其中一种。

如图 13-5 所示，四探针测量薄膜电阻率是指用四根金属探针和薄膜表面接触，同时假定薄膜足够大(远大于探针间距 s)，探针和薄膜的接触为点接触(探针足够细)，为了方便一般还要求四根探针等间距排列。在四探针测量法中，电流 I 从 x_0 电极流入，x_3 电极流出，测量 x_1 和 x_2 之间的电压降 V。电压 V、电流 I 和薄膜电阻率的关系为

$$\rho = \frac{\pi h}{\ln 2} \frac{V}{I}$$

式中，h 为薄膜厚度。接下来介绍该公式的推演过程。

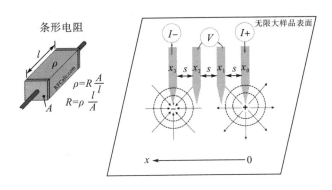

图 13-5 测量条形电阻和薄膜样品的电阻率的配置

由于四探针的配置是左右对称的，可以分别考虑电流电极 x_0、x_3。先考虑电流从 x_0 出发，流出的方向是 360° 对称的，流向无穷远处。这种情况下，电极 x_1、x_2 之间的电阻微元可以用径向的距离微元 dx、厚度方向上面积为 A 的圆周面以及电阻率 ρ 来表示：

$$dR = \rho \left(\frac{dx}{A} \right)$$

对于厚度为 h 的普通薄膜样品，$A = 2\pi xh$；对于更厚一点(厚度大于探针间距 s)的样品，$A = 2\pi x^2$(此处假定电流呈球形分布)。那么 x_1 和 x_2 之间的电阻就可以表示为

$$R = \int_{x_1}^{x_2} dR = \int_{x_1}^{x_2} \rho \left(\frac{dx}{A} \right)$$

对于普通薄膜样品，积分结果为 $R = \rho\ln 2/(2\pi h)$；对于厚样品，$R = \rho/(4\pi s)$。

再考虑电流电极 x_3，电流从此处流入，分布同样是 360° 对称，可以认为电流是从无穷远处流入的。除了方向相反，其他情况和电极 x_0 一致，电阻大小也不变。两个电流电极 x_0、x_3 同时存在的时候，x_1 和 x_2 之间的电压 V、电流 I 与电阻 R 的关系是：$V/I = 2R$，该式和电阻积分结果联立，便得到无限大薄膜样品的电阻率公式。

然而实际的样品不可能是无穷大，所以电势的分布并不是图 13-5 中的理想分布。对于不同几何形状的样品，需要增加修正因子；只有当所有的探针距最近的边界的距离都大于 $5s$ 的时候，电势分布类似图 13-5，不用考虑修正因子。

【实验仪器与装置】

薄膜电学性质表征由上海乾峰电子仪器的电阻测量系统完成，包括 SB120/2 四探针样品测试平台、SB118 型精密直流电压电流源和 PZ158A 型直流数字电压表组成，如图 13-6。

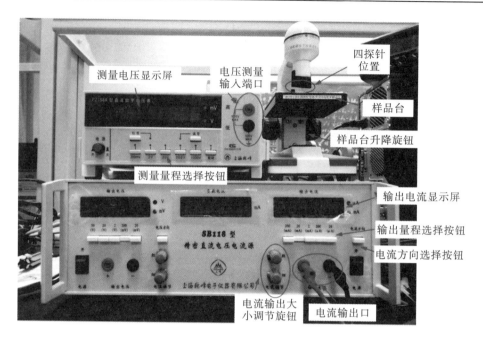

图 13-6　四探针测量系统图

【实验内容及操作】

(1)准备金属薄膜样品(薄膜样品、制备方法、薄膜厚度等信息已知)。

(2)打开四探针测量系统的电流源和电压表电源开关,预热,并把电压表量程调到最大。

(3)逆时针缓慢旋转四探针测量系统样品台旋钮,使得样品台和探针距离最大,放入样品。

(4)在样品上,选择好合适位置(均匀区域的中间),顺时针旋转样品台旋钮,使得探针慢慢接触样品,完成进样。

(5)调节电流源旋钮,给样品通电流,若接触成功,电流源显示屏上会看到读数。若不成功,重新进样。

(6)选择合适的电压表量程,从电压表上读取电压值,并记录数据。重复步骤(5)、步骤(6),选择合适的电流大小,测量 7 组电流、电压数据。

(7)把电流调到零,再换几个位置测量。注意切换位置的时候,一定要探针和样品脱离接触,再重新进样。

(8)测量结束后,电流输出调到零,旋转样品台旋钮,使得探针和样品台脱离接触,取出样品。

(9)电流源量程调到最大,电压表量程调到最大,再分别关闭仪器电源,整理实验台。

(10)通过最小二乘法线性拟合得到薄膜样品的电阻率,并分析误差。

【注意事项】

(1) 下探针的时候，最好用手扶着探针上部，让探针和薄膜样品垂直接触。

(2) 切换量程和切换测量位置的时候，输出电流调到零，电压表量程调到最大。

【思考题】

1. 金属薄膜电阻率和体材料电阻率差别大的主要原因是什么？

2. 如果利用四探针中最中间的两根针，一根针通电压，另外一根测量电流，即两探针测量，它和四探针测量的电阻率区别是什么？

【参考文献】

韩忠，2012. 近现代物理实验[M]. 北京：机械工业出版社.

黄昆，1988. 固体物理学[M]. 北京：高等教育出版社.

Zhigal'skii G P, Jones B K, 2003. The Physical Properties of Thin Metal Films[M]. New York：Taylor &Francis.

实验 14　用椭偏仪测量薄膜的厚度和折射率

【引言】

薄膜技术不仅是现代科学研究的热点，也是著名的高新技术产业之一。薄膜技术的核心是研究与应用薄膜性质，而厚度和折射率是薄膜的基本结构参数和光学性质参数，是需要被首先测量的物理量。测量薄膜厚度和折射率已经有多种技术手段，例如：用台阶仪和原子力显微镜测量厚度，用光路干涉测量折射率等。椭偏仪是最常用的测量仪器之一，它是通过测量偏振光入射到样品前，以及发生反射后的偏振状态的改变情况，来研究薄膜样品的结构和光学性质，如薄膜厚度和折射率。椭偏仪能够同时实现薄膜厚度和折射率测量，且与样品不接触，测量方便快速、精度高，对样品无损伤，因此是许多薄膜技术研究的重要测量工具。

【实验目的】

（1）掌握椭偏仪基本工作原理。
（2）了解利用反射系数比计算薄膜厚度和折射率的原理。
（3）掌握消光法测量反射系数比的方法。
（4）学会调节椭偏仪及使用椭偏仪数据处理程序。

【实验原理】

1. 椭偏仪基本工作原理

对于常见的掠入射、反射式的椭偏仪，其工作原理如图 14-1 所示，任意方位角 θ 的线偏振光以角度 ϕ 入射到样品表面 s 后，反射出来的光是椭圆偏振光，通过测量入射光和反射光的极化状态可以获取材料的折射率和厚度信息。E_i 为线偏振光的电场矢量，箭头为其振动方向；E_r 为椭圆偏振光的电场矢量。p、s 方向分别平行和垂直于入射平面，是反射光的本征极化方向，即当 E_i 与 p、s 方向一致时，反射光也同样是 p 或者 s 方向极化的。

对于 E_i 为任意方向的线偏振光，有电场矢量分量 E_{ip} 和 E_{is}，同样反射的椭圆偏振光有 E_{rp} 和 E_{rs}。把反射光和入射光的 p、s 方向分量的相应比值定义为反射系数，即

$$E_{rp} = R_p E_{ip}, \qquad E_{rs} = R_s E_{is}$$

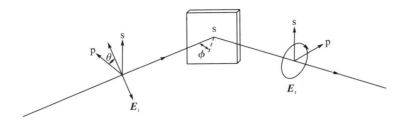

图 14-1　椭偏仪工作原理简图

注意，E_i 和 E_r 一般为复数，故反射系数为复反射系数。同时，把入射光和反射光的极化状态则定义为

$$\chi_i = E_{is} / E_{ip}, \qquad \chi_r = E_{rs} / E_{rp}$$

因此有

$$\rho = \frac{\chi_i}{\chi_r} = \frac{R_p}{R_s}$$

其中，ρ 为反射系数比，一般可以写成：

$$\rho = \tan\psi \ \exp(j\Delta)$$

其中，$0° \leqslant \psi \leqslant 90°$，$0° \leqslant \Delta \leqslant 360°$ 为两个常用的椭偏参数。

总的来说，反射系数比 ρ 与入射角 ϕ 和入射光 λ 有关，即

$$\rho = f(\phi, \lambda)$$

不同类型的椭偏仪有不同的函数变化关系，例如：多角度入射椭偏仪，ρ 随着 ϕ 变化；光谱椭偏仪，ρ 随着 λ 变化；可变角光谱椭偏仪则包括这两种情况。

2. 三种介质模型

由于是介质薄膜的结构和光学性质影响了偏振光的状态，理论上通过测量反射系数比 ρ 可以反过来研究这些性质，这就是椭偏仪测量的基本思路。一般的处理过程如下：首先通过椭偏仪测量得到反射系数比；然后建立介质薄膜模型，理论计算得到反射系数比；最后通过调整理论模型的参数让实验和理论结果符合得最好，这些参数即作为测量结果。下面以常见的三种介质模型为例进行说明。

如图 14-2，待测样品为 1(厚度为 d)，介质 0 为入射光、反射光所处的环境(如真空)，介质 2 为衬底介质，并形成了 01 和 12 两处界面。假定入射光是单色的平面波，三种介质除了界面处都是均匀的，界面 01 和 12 是严格的两个平面，入射光的相干长度远大于在样品里面的穿透深度，入射光与样品是弹性相互作用(无色散现象)。根据艾里-德鲁德公式(Airy-Drude formula)有

$$R_v = \frac{r_{01v} + r_{12v}X}{1 + r_{01v}r_{12v}X}, \qquad v = p,s$$

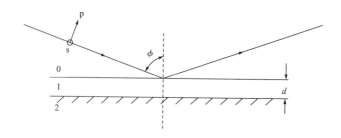

图 14-2　三种介质的分层模型

式中，r_{01v} 和 r_{12v} 分别表示界面 01 和 12 的 v 极化分量的菲涅尔(Fresnel)复反射系数；$X = \exp(-\mathrm{i}4\pi S_1 d / \lambda)$。菲涅尔公式如下：

$$\begin{cases} r_{ijp} = \dfrac{\epsilon_j S_i - \epsilon_i S_j}{\epsilon_j S_i + \epsilon_i S_j} \\[2mm] r_{ijs} = \dfrac{S_i - S_j}{S_i + S_j} \end{cases}$$

式中，$\epsilon_i = n_i^2$，为第 i 种介质的介电函数；$S_i = (\epsilon_i - \epsilon_0 \sin^2 \phi)^{1/2}$。

反射系数比 ρ 有如下形式：

$$\rho = \frac{r_{01p} + \left(r_{12p} + r_{01p} r_{01s} r_{12s}\right) X + r_{12p} r_{01s} r_{12s} X^2}{r_{01s} + \left(r_{12s} + r_{01p} r_{01s} r_{12p}\right) X + r_{12s} r_{01p} r_{12p} X^2}$$

一般情况下，$\epsilon_1 > \epsilon_0$，即该模型不会发生全反射，因此 S_1 一定为实数，X 为复数，R_p、R_s 和 ρ 是薄膜厚度 d、折射率 n、入射角度 ϕ、入射波长 λ 的周期性函数。图 14-3 为空气、SiO_2 薄膜、Si 衬底组成的系统在波长为 633 nm 的光的照射下，反射系数比 ρ 随着厚度和入射角度的变化情况。

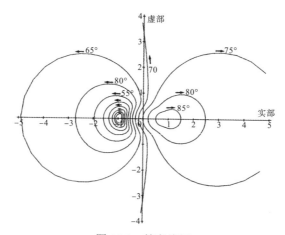

图 14-3　等高线图

图中入射角度从 30° 变化到 85°，厚度变化方向为箭头所示

　　实际操作过程中，通过反解上述反射系数比等式，即可得到 X，然后可得到薄膜厚度 d 和折射率 n。薄膜厚度 d 一般为

$$d = \left[\frac{-\arg(X)}{2\pi} + m \right] \frac{\lambda}{2S_1}$$

式中，m 为整数，因此得到的是多个薄膜厚度，需要通过改变入射光波长或者入射角度来确定薄膜的厚度。

　　此外，介质膜对光的吸收可以忽略不计，因此折射率为实数。但是对于金属样品，存在不同程度的吸收，因此其介电常数是复数，其折射率是复数，需要重新考虑折射率、薄膜厚度与椭偏参数的关系。

3. 消光法测量椭偏参数

　　偏振补偿样品分析椭偏仪作为一种常见的椭偏仪，主要由图 14-4 的各部分组成。激光器 L 发射激光，通过起偏器（方位角 P）变成线偏振光，再通过 $\frac{\lambda}{4}$ 玻片（方位角 C）后变成圆偏振光，入射到样品 s 上，反射出来的为线偏振光，被检偏器（方位角 A）检测，然后用探测器测量检测到的光强。沿着光路看，所有的方位角为入射平面与透射轴顺时针形成的夹角。

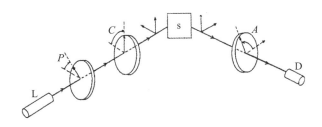

图 14-4　偏振补偿样品分析椭偏仪基本组成部分

　　入射到样品上的圆偏振光的极化状态为

$$\chi_i = \frac{\tan C - j\tan(P-C)}{1 + j\tan C\tan(P-C)}$$

它的主轴方位角为 C，椭偏角为 P-C。从上式可以知道，调节 P 和 C 的值可以得到不同的极化状态。

　　该椭偏仪一般采用消光法测量反射系数比。具体工作时，设定 $\frac{\lambda}{4}$ 玻片的方位角 $C = \pm 45°$，同时调节起偏器方位角 P 和检偏器方位角 A 使得探测器看到的光信号为 0 或者最小，即达到消光状态。此时，反射的线偏振光的极化方向与检偏器透射方向垂直，即方位角为 $A \pm 90°$，其极化状态为

$$\chi_r = -\cot A$$

反射系数比根据公式 $\rho = \chi_i / \chi_r$ 即可得到。对于 $C=45°$，有两种情况可以消光，对于 $C=-45°$ 同样有两种。实验过程中，一般测量四种消光情况从而减小系统误差，这种测量方法即四点测量法。

【实验仪器与装置】

本实验使用浙江光学仪器制造有限公司的 WJZ－Ⅱ 椭偏仪，如图 14-5 所示。

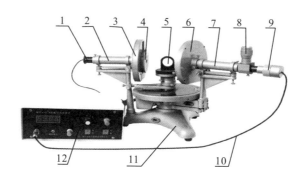

1. 半导体激光器(波长 λ=635 nm)；2. 平行光管；3. 起偏器读数头(与 6 可换用)；

4. 1/4 波片读数头；5. 氧化锆标准样板(样品无吸收，消光系数为 0，

薄膜厚度范围 0~300 nm，折射率 1.30~2.49，衬底为 K9 玻璃，折射率为 n=1.515)；

6. 检偏器读数头；7. 望远镜筒；8. 半反目镜；9. 光电探头；10. 信号线；

11. 分光计；12. 数字式检流计

图 14-5 WJZ－Ⅱ 椭偏仪组成部分

【实验内容及操作】

系统调试：

(1) 调整分光计(自准直法)使望远镜和平行光管共轴并与载物台平行。

(2) 使分光计度盘的游标与刻度盘零线位置适当，保证望远镜转过一定角度时能够读数。

(3) 光路调整：①卸下望远镜和平行光管的物镜，先在平行光管物镜的位置旋上校光片；②把激光器装在平行光管外端，旋转激光器，观察光斑应始终在黑圆框内［图 14-6(a)］，若不在，说明激光器没有共轴，则应调整其在座内的位置，使其共轴［图 14-6(b)，半激光器被六颗调节螺钉固定在激光器座内，适当调节六颗螺钉即可］；③将两种校光片分别置于望远镜光管内外两端，同理，光斑也应在圆框内，如不在，按照(1)重新调节，使得平行光管与望远镜共轴；④换下两只校光片，换上半反目镜，并在半反目镜上套上光电探头，该设备既可从目镜中观察光斑强弱，也可通过检流计的光电流值来确定光斑强弱。

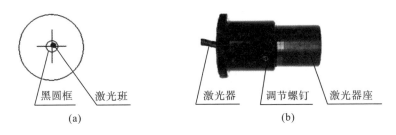

图 14-6　(a)激光器共轴调节光斑位置示意图；(b)激光器位置调节部分结构

(4)检偏器读数头位置的调整与固定。①检偏器读数头套在望远镜筒上，90°读数朝上，位置基本居中；②把黑色反光镜置于载物台中央，将望远镜转过 66°（与平行光管成 114°夹角），使激光束按布儒斯特角（约 57°）入射到黑色反光镜表面并反射入望远镜到达半反目镜上成为一个圆点；③通过转动整个检偏器读数头来调整与望远镜筒的相对位置（此时检偏器读数应保持 90°不变），使半反目镜内的光点达到最暗。这时检偏器的透光轴平行于入射面，将此时检偏器读数头的位置固定下来（拧紧三颗平头螺钉）；④旋转激光器在平行光管中的位置，使目镜中光点最暗（或检流计值最小），然后固定激光器。

(5)起偏器读数头位置的调整与固定。①将起偏器读数头套在平行光管镜筒上，此时不要装上 1/4 波片，0°读数朝上，位置基本居中；②取下黑色反光镜，将望远镜系统转回原来位置，使起偏器、检偏器读数头共轴，并令激光束通过中心；③调整起偏器读数头与镜筒的相对位置（此时起偏器读数应保持 0°不变），找出最暗位置，定此值为起偏器读数头位置，并将三颗平头螺钉拧紧。

(6)1/4 波片零位的调整。①起偏器读数保持 0°，检偏器读数保持 90°，此时白屏上的光点应最暗（或检流计值最小）；②1/4 波片读数头（即内刻度圈）对准零位：即 1/4 波片框的标志点（即快轴方向记号）向上，套在波片盘上，并微微转动波片框（注意不要带动波片盘），使半反目镜内的光点达到最暗（或检流计值最小），定此位置为 1/4 波片的零位。

(7)将被测样品放在载物台的中央，旋转载物台使入射角为 70°，即望远镜转过 40°，并使反射光在目镜上形成一亮点。

(8)用四点测量减少系统误差，先设定 1/4 波片快轴为+45°（即转动波片盘），仔细调节检偏器 A 和起偏器 P，使目镜内的亮点最暗（或检流计值最小），记下 A 值和 P 值，这样可以测得两组消光位置数值。其中 A 值分别大于 90°和小于 90°，记为 A_1 和 A_2，相应 P 值为 P_1 和 P_2。

(9)将 1/4 波片快轴转到-45°，也有两组消光数值，A 值分别记为 A_3（大于 90°）和 A_4（小于 90°），相应 P 值为 P_3 和 P_4。

(10)将测得的 4 组数据，按照下列公式（仅适用于 A 值和 P 值处于 0～180°范围内的情况，若大于 180°，则减去 180°后再换算）得到 A 值和 P 值：

$$\begin{cases} A = \dfrac{\left(A_1 - 90^\circ\right) + \left(90^\circ - A_2\right) + \left(A_3 - 90^\circ\right) + \left(90^\circ - A_4\right)}{4} \\ P = \dfrac{P_1 + \left(P_2 + 90^\circ\right) + \left(270^\circ - P_3\right) + \left(180^\circ - P_4\right)}{4} \end{cases}$$

(11)打开椭偏仪数据处理程序，如图 14-7 所示。

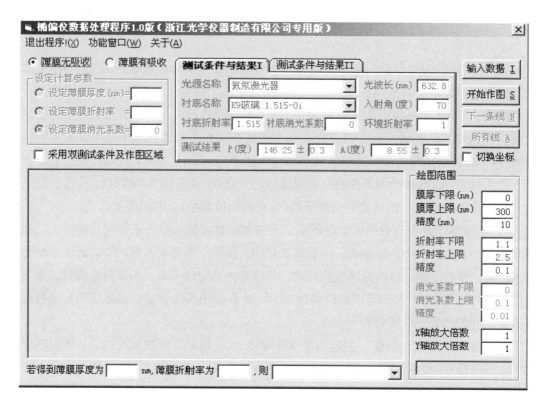

图 14-7　椭偏仪数据处理程序 1.0 版主界面

①首先在"设定计算参数"框中选择"设定薄膜消光系数"，并输入其值为 0；然后在"光源名称"和"衬底名称"下拉列表中选择相应名称，即可自动填入波长数值和折射率、消光系数数值，默认为氦氖激光器和 K9 玻璃；最后环境折射率取 1，入射角度为 70°。

②在"第一入射角测试结果"框中输入测试结果 A、P。其中 0.3 代表的是读数误差。

③然后在"绘图范围"框中输入合适的作图范围。图 14-7 所示的范围表示将首先绘出膜厚 0～300 nm，精度 10 nm 的一组"等膜厚"的线(蓝色)，然后绘出折射率为 1.1～2.5，精度 0.1 的一组"等折射率"的线(红色)。作图区域的放大倍数为 1。消光系数的上下限被设置为灰色不可用。

④在设置完上述参数后单击命令按钮"开始作图"，见图 14-8，X 轴为椭偏参数 Δ，Y 轴为椭偏参数 Ψ。图中只有一个数据点，放大之后可以看得更清楚。

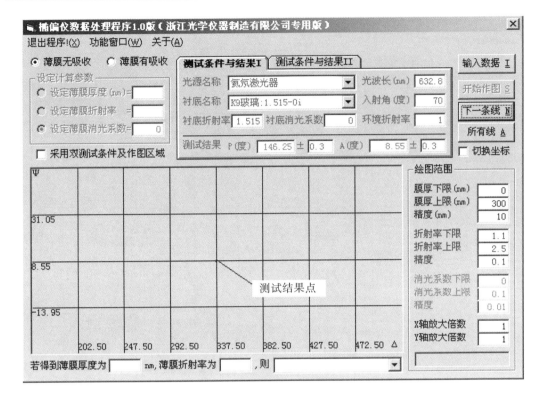

图 14-8 作图区域的坐标图

⑤单击命令按钮"下一条线"或者直接单击作图区域，将依次画出各条"等膜厚"线和"等折射率"线，同时在窗口左下角显示出膜厚或折射率的值。在图 14-9 中，测试结果点介于 70 nm 和 80 nm 等膜厚线之间，立即修改"绘图范围"框中的膜厚范围。在图 14-10 中，可以看到测试结果介于 1.8 和 1.9 等折射率线之间，同样立即修改"绘图范围"框中的折射率范围，并设定新的放大倍数。然后可以单击命令按钮"所有线"，如图 14-11 所示。

⑥再次单击命令按钮"开始作图"，重复前面的操作，可以进一步得出结果，薄膜样品的厚度为(78±1)nm，折射率为 1.88±0.01，如图 14-12 所示。测试结果点表示为作图区域中心的暗色矩形。

⑦从图中得到的厚度并非薄膜的真实厚度，而需要加上若干个测量周期厚度。测量周期厚度取决于入射角、入射波长和薄膜的折射率。在作图区域下方输入薄膜的折射率，即可在下拉列表框中显示出测量周期厚度值。若同时输入从图中得到的厚度值，然后拉开下拉列表框，就可以看到加上若干测量周期厚度后，薄膜的真实厚度，参见图 14-12。至于到底薄膜厚度是多少，只能由其他的测量或估计得出。

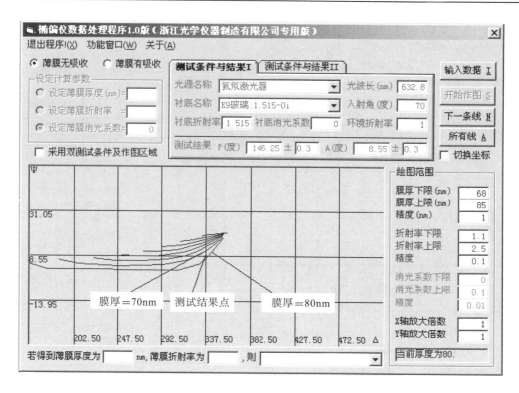

图 14-9　测试结果点介于 70 nm 和 80 nm 等膜厚线之间

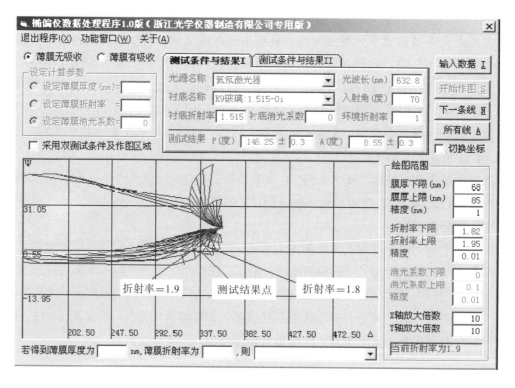

图 14-10　测试结果点介于 1.8 和 1.9 等折射率线之间

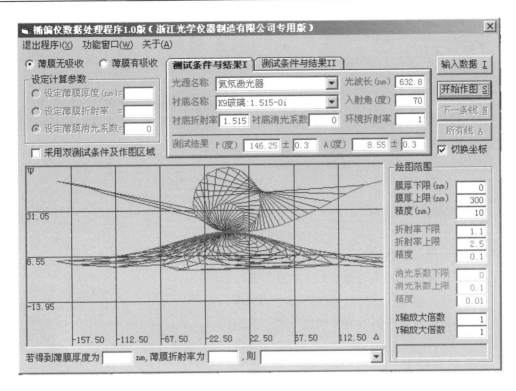

图 14-11　切换坐标完成后的图形

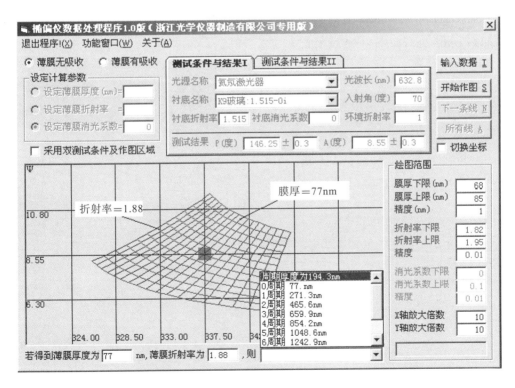

图 14-12　重新放大后作图，以及薄膜的真实厚度

【注意事项】

(1)实验前，检查各个光学器件是否完好，分清楚检偏器、起偏器和 1/4 波片。

(2)起偏器读数头保证为 0°，检偏器保证为 90°，读数调节过程中注意轻轻转动并保持读数不变，注意 1/4 波片位置。

(3)开始测量时，检流计量程调到最大。

【思考题】

1. 如何获得等幅椭偏偏振光？它在实验中的作用是什么？

2. 简述检偏器、起偏器和 1/4 波片的作用。

3. 说明布儒斯特角定律及其在实验中的应用。

4. 简述软件处理得到的薄膜厚度不唯一的原因。

【参考文献】

浙江光学仪器制造公司. WJZ 系列椭偏仪产品说明书.

Bass M, Stryland E W V, Williams D R, et al., 1995. Handbook of Optics Volume Ⅱ Devices, Measurements,
    and Properties 2nd edition Mc Graw-Hill.

实验 15　真空技术与真空镀膜

【引言】

真空是描述气体稀薄的一个空间，在古希腊的时候就被人们所讨论分析，而实现真空的真空技术从 13 世纪就已经出现，是一门发源很早的实验物理技术。19 世纪的时候，人们已经能够获得 $10^{-1}\sim10^{-2}$ Torr（1 Torr=1 mmHg=133.3 Pa）的真空。20 世纪初，随着电子管的研究和生产，已经可以产生 10^{-7} Torr 的高真空。到 20 世纪 50 年代，表面物理和原子物理的发展又促进了超高真空技术（$10^{-8}\sim10^{-10}$ Torr）的发展。真空技术已经是现在的许多尖端科学技术领域（如高能物理、表面科学、薄膜技术、材料科学和空间技术等）的必备技术支撑，同时在热门的集成电路制造、半导体技术中也有重要地位。真空技术对普通人的生活也产生了重要影响，例如利用真空技术保存食物、真空保温杯等。

薄膜技术是 21 世纪以来出现的新兴技术，随着薄膜产品的许多新奇特性被应用于日常生活中，该技术也成了举足轻重的产业。薄膜技术的关键是制备薄膜，真空镀膜就是最常见的技术之一。真空镀膜是指在真空环境下制备薄膜。在真空环境中，薄膜受到的污染小，其氧化、吸附等作用大大降低；同时真空中的粒子平均自由程很长，相互间碰撞的能量损失小，热传导和对流很小。总之，真空镀膜具有污染小、薄膜质量高、可制备薄膜的材料多等优点，特别是在高新技术（如集成电路技术）、科学研究（如凝聚态物理前沿）中有重要的应用。

【实验目的】

(1) 了解真空基本概念和真空技术的基本知识。

(2) 掌握真空获得技术和真空测量技术。

(3) 掌握磁控溅射镀膜技术和热蒸发镀膜技术。

(4) 根据磁控溅射镀膜的参数估算薄膜厚度。

【实验原理】

1. 真空基本概念与真空技术

真空是指气体稀薄的一个空间。气体稀薄是相对于气压为 1.01325×10^5 Pa 来说的，气体比大气压稀薄就是真空。真空的大小一般用真空度来表示，真空度越高，气体越稀薄；反之越致密。

描述真空中气体的物态方程一般可以用理想气体物态方程，即 $PV=NRT$，其中，P 指气体压强，V 指气体体积，N 为气体摩尔数，R 为理想气体常数，T 为气体温度。方程变形得到：$P=nRT$，其中 $n=N/V$，即摩尔浓度，表示单位体积有多少摩尔的气体。nN_A 表示单位体积有多少气体分子，其中 N_A 为阿伏伽德罗常数。

然而气体的稀薄程度，也就是真空度并不是用 nN_A 表示。这是因为由于非绝对零度的气体分子总是在做无规则的热运动，直观上的稀薄程度的描述当然不仅仅是单位体积有多少气体分子，还须考虑热运动特性。实际上，描述真空度大小的物理量是压强，压强可以把这两个特性做综合考虑，是最佳选择。与压强一样，真空度的单位主要有 Pa、Torr、bar 等。

用压强理解真空的稀薄程度还不是很直接，更直观地描述真空度的概念是平均自由程，它指一个气体分子运动到与下一个分子发生碰撞所走过的平均距离。平均自由程的公式可以通过麦克斯韦分布导出，为

$$\bar{\lambda} = \frac{kT}{\sqrt{2}\pi\sigma_0^2 P}$$

式中，$k = 1.38 \times 10^{-23}$ J/K 为玻尔兹曼常数；T 为温度值(单位为 K)；σ_0 为气体分子有效直径(对空气 $\sigma_0 \approx 3.5 \times 10^{-8}$ cm)；P 为气体压强。在 273 K 下，真空度为 10^{-3} Pa 对应的平均自由程为 6.6 m；10^{-2} Pa 对应的平均自由程为 0.5 m；而气压为 1.01325×10^5 Pa 对应的平均自由程只有 87 nm。总之，真空度越高，气体也更稀薄，分子之间相互碰到的概率就自然降低，平均自由程就越长；反之亦然。

真空技术是按照真空度指标获得真空以及利用真空的技术。真空技术主要包括真空获得、真空测量与真空密封三部分技术，本章只讲述前两种技术。根据真空度的大小，真空技术领域分成五个，分别是粗真空、低真空、高真空、超高真空、极高真空，划分标准见图 15-1。这种划分不是简单的分类，而是和真空技术的发展情况息息相关，例如界限 10^{-1} Pa、10^{-6} Pa 就是机械泵、分子泵等真空技术的极限。

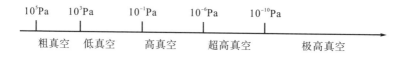

图 15-1　真空技术领域的划分标准

2. 真空获得

要获得真空，只需要把相应空间的气体排出，这就需要真空泵的帮助。真空获得技术的关键是真空泵技术。真空泵的种类有很多，原理各不相同。根据抽真空的原理，可以分为机械泵、分子泵和吸附泵等。机械泵是一种排量泵，通过不停地增加容器体积，让气体自发扩散，如旋片式机械泵。分子泵是一种动量转移泵，通过对气体分子施加从进气口到排气口的定向的动量，来达到抽真空的目的，如扩散泵(利用急速蒸汽流带走气体)和涡轮

分子泵(通过急速高速旋转的叶片和气体分子碰撞,使之定向运动)。还有一些利用化学或者物理的吸附现象工作的如钛泵、吸附冷泵等。

　　真空泵的基本性能用抽气速率和极限真空来描述。机械泵的极限真空一般可以达到 10^{-1} Pa 量级,主要用来获得低真空。分子泵则可以获得高真空,一般只能达到 10^{-6} Pa,也有个别的可以达到 10^{-8} Pa(超高真空)量级。更高的真空还可以用离子泵来实现。

　　由于一般情况下各个级别的真空泵只在自己的真空度领域工作,所以在实际使用过程中,为了获得一个高真空的腔体,需要先用机械泵抽至低真空极限,再接着用分子泵抽至高真空。即把两种泵串联起来配合使用,机械泵作为前级泵,分子泵作为次级泵,形象地解释,就是用机械泵抽分子泵,分子泵抽腔体空间。下面将分别详细介绍两种常见的机械泵和分子泵。

　　1)旋片机械泵

　　常见的机械泵有旋片机械泵、往复真空泵、定片真空泵、罗茨泵和隔膜泵等。其中旋片机械泵是最常用的一种,它抽真空的具体过程如图 15-2 所示,可以分成四个过程。转子带着旋片沿着箭头顺时针转动的时候,在(a)位置,进气口一端产生一个额外的低气压空间并逐渐扩大,而被抽腔体的气体自发扩散到该区域;继续转动,这个低气压空间达到最大,最后被旋片另一端隔断与进气口连接,这部分的气体被运输至(b)位置;接着,旋片转到出气口(c)位置,同时该区域空间开始一点点被压缩,气体气压变大,当气压大于出气口阀门临界值的时候,气体被排出,完成放气过程,即(d)位置。循环上述过程从而完成抽真空。当然,这里只是描述了旋片的半边空间的气体输运过程,另一半空间是同时进行的。

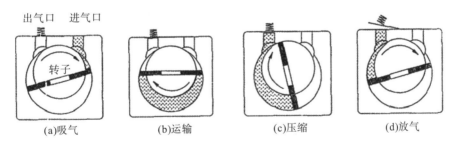

图 15-2　旋片机械泵的工作原理

　　旋片机械泵的性能和旋片的密封程度有关,如果密封不好、漏气,图 15-2 的过程就无法完成。为了保证密封,一般采用泵油密封,这样的泵也叫油泵。由于进气口气压比较低,油泵的油很容易扩散到抽气管道甚至腔体中,特别是停止抽真空的时候,使用油泵一定要注意该返油过程,可以通过在进气口添加滤油阀或者自动放气阀来减小这种污染。

　　隔膜泵是另外一种常见的机械泵,它通过膜片振动来完成类似的扩容抽真空过程,它一般用在对管道和腔体干净程度要求高的系统中,但是它的抽速一般没有旋片机械泵高。

还有一种抽速比较大的罗茨泵，它在同一个腔体中用两个转子同时工作，在一些系统中有非常重要的应用。

2) 涡轮分子泵

涡轮分子泵由于其使用便捷、污染小、体积小，已经是现在实验室中最常用的高真空设备。它的基本结构如图 15-3 所示，高速旋转的叶片通过碰撞给气体分子动量，实现从进气口到排气口的定向运动，达到抽真空的目的。因此叶片旋转速度越高，碰撞效率越高，其极限真空越低。比如要达到 10^{-6} Pa 的真空，其转速为 20000~90000 r/min。涡轮分子泵具体的工作原理见图 15-3(b)、(c)，涡轮由多级转子和定子相互交错排列而成，转子和定子相对于轴都有一定的排列角度，高速旋转的转子压缩空气分子，与之发生撞击并传递动量，使它们进入下一级定子叶片，然后再反射，进入下一级转子叶片，就这样一级一级使气体最终运动到出气口。尽管也有少量气体做分子相反运动，但是涡轮分子泵的特殊结构可以保证大部分气体分子向出气口运动，从而实现抽真空。

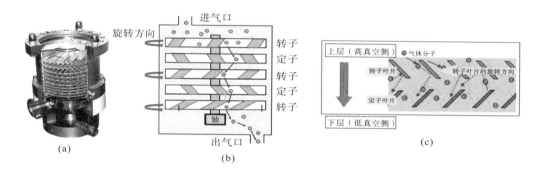

(a)内部结构；(b)运行原理图；(c)泵体内叶片与气体分子相互作用的示意图

图 15-3 分子泵的结构和运行示意图

涡轮分子泵转子和定子的相对运动，导致气体分子更容易撞击叶片下部，且叶片朝下放置(相对于旋转方向)，所以被撞击的分子大部分都向下运动；从上到下叶片放置的角度也越来越小(45°~10°)，气体压缩比越来越大。涡轮分子泵的这种压缩效率决定了抽速和极限真空。压缩效率受不同分子类型影响大，重的分子平均速率低，反向运动效率低，所以压缩效率高；而轻的分子(主要是氢气和氦气分子)则压缩效率低。因此，涡轮分子泵抽氢气和氦气效率较低。

3. 真空测量

只有对真空度进行了测量，才能清楚获得的真空是否满足指标。测量真空度需要专门的测量仪器，即真空计或者真空规。按照刻度方法，真空计分为绝对真空计和相对真空计两大类，前者通过本身测量的物理量(如几何尺寸和机械力的大小)直接求出真空度，与气体的种类无关, 例如液体式的液柱压力真空计和麦克劳德真空计以及测量力大小的弹簧管压力真空计和薄膜式压力真空计, 如图 15-4 所示。

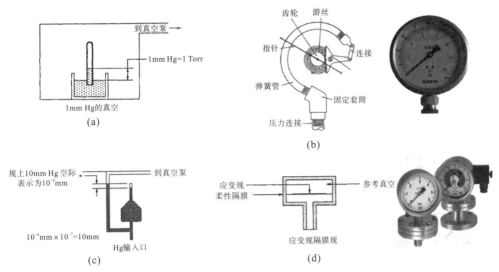

图 15-4　几种绝对真空计

(a) 液柱压力真空计原理图；(b) 麦克劳德真空计, 其事先压缩了一定体积的气体, 通过汞柱高低来读真空值；

(c) 弹簧管压力真空计, 弹簧管带动指针显示真空度；(d) 薄膜式压力真空计, 薄膜两侧真空度有差别的时候,

通过测量薄膜的应力来读取真空值

相对真空计通过测量一些随着真空度变化的性质来反映真空值, 通常与气体种类有关。例如测量低真空用的热电阻计 (即 Pirani 真空计) 和热电偶计, 以及测量高真空用的电离计。

1) 热电阻计和热电偶计

这两种真空计都利用了气体的热导率随着真空度变化的性质。一般来说, 热导率在大约 133 Pa 以上几乎为一个常数值, 在 0.1 Pa 以下几乎为零, 因此这两种真空计适用于测量低真空。

热电阻计的结构原理如图 15-5(a) 所示, 真空计外壳和被测量真空腔连接, 其内部有一根灯丝, 灯丝上有恒定的电流通过, 因此有热量产生, 这些热量会通过气体导走, 平衡后, 灯丝有一个稳定的温度值；当真空度变化的时候, 热导率发生变化, 灯丝上的温度也发生变化, 而温度的变化会影响灯丝的电阻, 校准之后, 通过测量电阻的变化 (图中有电桥专门用来测量灯丝电阻) 就可以知道真空度大小。

热电偶计的结构原理如图 15-5(b) 所示, 主要由加热灯丝和热偶 (通过热电势来读取温度) 组成, 热偶一般被焊接到加热丝上, 给加热丝通恒定电流, 灯丝发热, 热量通过气体传导到外部, 平衡后, 灯丝有稳定的温度值, 然后用热偶读取温度；当真空度变化时, 热导率变化, 灯丝的温度变化, 热偶示数也会变化, 因此热偶示数就反映真空度的大小。所以这两种真空计的基本原理是一致的, 只是测量方法不同。

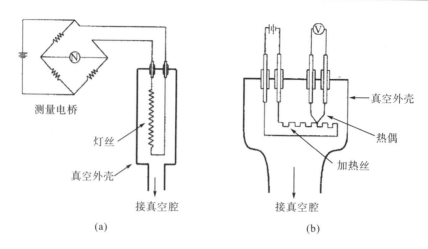

图 15-5　利用热导率测量真空度的两种相对真空规结构原理图

(a)热电阻计；(b)热电偶计

2) 电离计

电离计的全称是热阴极电离计，其测量范围是 $10^{-1} \sim 10^{-8}$ Pa。它的基本结构如图 15-6(a) 所示，主要由发射电子的阴极灯丝、加速栅极和电流收集电极组成。工作时，阴极通电流，栅极(阳极)加高压，电流收集电极偏置在相对阴极更低的负电位上(如图中的-10 V)。阴极灯丝通电后加热发射电子，栅极(阳极)的高压(如图中的 250 V)加速电子，电子在高速向栅极运动的过程中，碰撞气体分子，只要能量足够大就会电离气体分子产生正、负离子，其中正离子会向电流收集电极运动(最低电位)，形成离子电流。离子电流的大小与真空度、灯丝电流以及电离计结构有关系，实际过程中，后两者都是定值，所以离子电流大小可以直接反映真空度高低。在低真空中，电离计的灯丝容易因氧化而被烧毁，所以使用电离计一定要满足真空度要求(一般小于 10^{-1} Pa)。

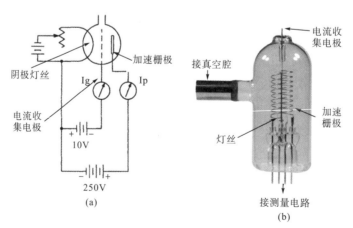

图 15-6 电离计

(a)电离计的结构原理图；(b)常见的贝亚德-阿尔伯特(Bayard-Albert)电离计

4. 真空镀膜

真空镀膜就是真空技术的重要应用,指的是在真空的环境下给目标样品沉积薄膜的过程,常见的有蒸发镀膜和磁控溅射镀膜。

1) 蒸发镀膜

蒸发镀膜是把薄膜原材料加热到一定温度熔化,材料原子蒸发出去,在真空环境中运动一段距离后,沉积到目标样品上。在常压下熔化的材料蒸发效率不高,而在低于其饱和蒸气压的真空环境下,蒸发过程会大大加快,这是真空镀膜的一个优势。同时镀膜过程中如果材料原子与其他气体分子碰撞,会损失能量、发生散射甚至会团聚,从而影响薄膜的生长质量,而高真空环境中气体分子的平均自由程很长,可以有效避免这一问题。我们常见的约半米的真空腔,根据平均自由程公式计算的气压是 10^{-2} Pa,这就是此时真空镀膜的最低真空度要求。

蒸发镀膜有热蒸发镀膜和电子束蒸发镀膜两种。如图 15-7(a)所示,热蒸发镀膜的蒸发源放在蒸发坩埚里面,同时有电阻丝围绕坩埚,通过电阻丝发热把热量传给源材料。而电子束蒸发镀膜[图 15-7(b)]则通过电子枪发射电子束,磁场弯曲和聚焦电子束,且电子枪和源之间有高压,可以加速电子束。这样就可以用电子束局部加热源材料,这种镀膜方式相比蒸发镀膜更可控、更有效率,适合加热一些熔点高、导热率差的材料。

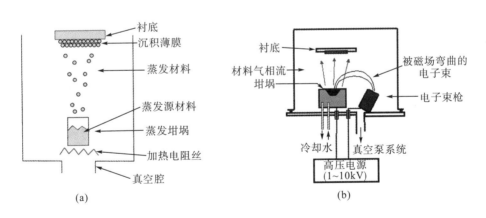

图 15-7　热蒸发和电子束蒸发原理示意图

2) 磁控溅射镀膜

磁控溅射镀膜原理如图 15-8(a)所示,它利用磁场约束电子,通过电场(靶材为阴极,加负电压,外部金属壳接地,两者之间构建一个电场)加速电子碰撞气体分子,发生雪崩电离,产生大量的正电荷离子,然后正离子轰击阴极靶材(需要镀膜的材料),靶材原子被碰撞出来进入真空,最后沉积在目标样品上。整个过程主要包括雪崩电离、正电荷粒子轰击和薄膜沉积三个过程。

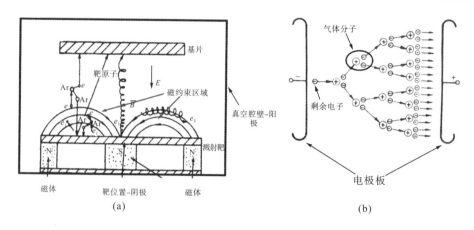

图 15-8   (a)磁控溅射过程结构示意图；(b)雪崩电离过程示意图

在磁控溅射系统中，"磁控"体现在哪儿，有什么作用呢？靶材附近的磁场把电子约束在靶材附近的区域，电子绕着磁力线螺旋运动，因此电子和气体分子(一般用质量大一些的惰性气体分子作为放电气体，如氩气)的碰撞概率就大大增加了。

而"溅射"体现在：气体分子碰撞电离产生的正离子(如氩离子)，在电场的作用下会飞向阴极靶材，能量足够的时候(大于结合能，如金属的 5～10 eV)把靶材原子从晶格中碰撞出来；碰撞出来的原子通过真空环境沉积到目标样品上。此处要注意，磁控溅射过程中沉积的原子能量一般比电子束蒸发镀膜高一个量级，可以达到电子伏特量级，所以要特别小心，避免一些薄膜样品被破坏。

磁控溅射发生还有一个前提就是要有雪崩电离过程。雪崩电离是一种常见的等离子体(正、负电荷粒子组成的集体)放电现象，其简单的模型如图 15-8(b)所示，平行板电极内部气体有一些剩余电荷，如自由电子，当加上电场后，这些剩余的电子被电场加速，获得足够能量，然后和其他气体分子碰撞，使之发生电离，产生正负粒子，负离子主要是电子，这些新产生的电子又在电场加速下获得能量从而电离其他分子，按照这个指数速率增加下去，几次碰撞后就有大量的正离子产生，这和雪崩过程非常类似，所以又叫雪崩电离。雪崩电离发生的时候，气体有大量的正、负粒子，气体可以导电，所以此时在平行板两端可以发现较大的电流，这个电流叫放电电流；同时该过程有大量的退激发过程，可以发出辉光，这个过程又叫辉光放电过程。

雪崩电离的关键是有合适的气体压力和电场大小。能够发生辉光放电的电压和气压分别叫作起辉电压(几百伏特)和起辉压力(几个帕斯卡)，这是实验中需要调节的两个重要参数。一般情况下电源能够加的电压都有限，所以调节气体压力就更为关键。压力过大，气体分子密度过高，平均自由程很短，电子加速距离过短，能量不足以电离分子；压力过小，气体分子密度过低，无法形成雪崩效应。雪崩电离可以靠观察辉光和产生的电流来监视，通过所加电压和产生放电电流的关系还可以定量分析雪崩电离过程。

【实验仪器与装置】

SBC-12 型离子溅射仪。

实验室使用的是北京中科科仪股份有限公司生产的小型离子溅射仪。它主要由溅射系统和真空泵组成，还包括一个氩气钢瓶。其详细的组成部分见图 15-9(a)，注意溅射腔室上一圈金色的膜是长期镀金膜的残留。图 15-9(b) 的真空泵是最常见的一种旋片式油泵，这种油泵工作会有一些泵油蒸气或者分解物产生，对人体健康都有害，需要排出室外。

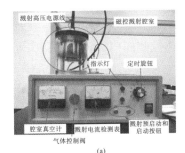

图 15-9　离子溅射仪

(a)磁控溅射的溅射腔室和控制系统；(b)对磁控溅射腔室抽真空用的机械泵

由于该系统没有膜厚和镀膜速率测量装置，需要独立测膜厚和镀膜速率，但是有一个经验性的膜厚公式：

$$h = KIVt$$

式中，h 为膜厚，单位为埃(Å)；K 为常数，取决于溅射金属、所充气体和靶材样品距离(该系统约为 5 cm)，对于本系统 $K=0.17$ Å/mA·kV·s；I 为气体放电产生的电流大小，单位为毫安(mA)；V 为以 kV 为单位的起辉电压(该系统为 1 kV)；t 为镀膜时间，单位是 s。如果 $I=8$ mA，$t=100$ s，则 $h=136$ Å，因此，镀膜速率为 1.36 Å/s。

磁控溅射的控制系统内部结构见图 15-10，主要是气路、溅射高压电源产生部分和其他控制部分。

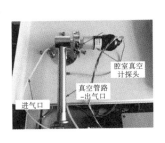

图 15-10　磁控溅射系统控制系统内部结构

(a)顶部结构；(b)其他部分结构

【实验内容及操作】

(1)准备干净的载玻片作为镀膜的基片。

(2)打开溅射腔室顶部的放气阀,给腔室放气。

(3)戴上手套把干净的载玻片放入溅射腔室的样品台上,关闭放气阀。

(4)打开小型离子溅射仪电源开关,打开机械泵开关,对溅射腔室抽真空至 6 Pa 以下,且"准备"指示灯一定要亮起。

(5)逆时针打开氩气瓶的阀门,逆时针打开氩气瓶阀门处的流量计开关。

(6)逆时针打开溅射系统控制面板上的气体控制阀门,调节阀门大小使得真空计示数位于 7~8 Pa(顺时针调小,逆时针调大)。

(7)按一下"试验"按钮,尝试预镀膜。若成功,看到辉光放电,溅射控制面板上的放电电流有示数;若不成功,重新调节压力,直到产生辉光放电。

(8)试验镀膜成功后,调节镀膜计时旋钮至 60 s。

(9)按"启动"按钮,开始镀膜,可以看到持续的辉光放电,电流表能检测放电电流值,记录此时的压强和电流值,如果电流值有明显变化,相应调节压力直至电流值稳定。

(10)第一次镀膜结束,关闭气体控制阀门,等 5 min,使靶材充分冷却。

(11)重复步骤(6)~(10),共计镀膜 6 次。

(12)第 6 次镀膜结束,关闭气体控制阀门,关闭氩气瓶阀门处的流量计开关,关闭氩气瓶的阀门,关闭机械泵电源,打开放气阀门,取出样品(注意戴手套)。

(13)关闭放气阀门,打开机械泵电源,对腔室抽真空,使真空计读数在 6 Pa 以下,关闭机械泵电源,关闭溅射系统控制电源。

(14)根据实验中记录的数据估算薄膜厚度。

【注意事项】

(1)使用钢瓶过程中,操作人位于出气口后部,确保出气口前无人员走动,确保钢瓶平稳放置。

(2)实验过程中,严禁触碰压缩钢瓶。

(3)不能用皮肤触碰真空腔,防止皮肤油脂污染真空腔;也不能在说话的时候打开真空腔,防止唾沫污染。

(4)实验过程中,注意高压电源线。

(5)放、取样品一定要戴上一次性手套。

【思考题】

1. 什么是"真空"，怎么表征真空大小？
2. 涡轮分子泵和热阴极电离规为什么都需要在高真空环境工作？
3. 为什么关闭旋片式机械泵的时候，最好让进气口和大气相通？
4. 简述真空镀膜相比电镀膜的优势。
5. 雪崩电离和电离规中的电离主要区别在哪儿？

【参考文献】

达道安，2004. 真空设计手册[M]. 北京：国防工业出版社.

李治学，2007. 近代物理实验 [M]. 北京：科学出版社.

Hoffman D M，1998. Handbook of Vacuum Science and Technology[M]. London：Academic Press.

实验 16　台阶仪的使用及薄膜厚度的测量

【引言】

台阶仪是由一维的力反馈式计算机控制的表面形貌分析仪,具有台阶测试、形貌检测和应力分析等功能。台阶仪通过一个探针在样品表面扫描,记录探针在物体表面的垂直位移,得出样品表面的高低起伏,就可达到测量薄膜厚度、粗糙度等物理参数的目的,因此得到的是膜厚。这种测量方法的优点是稳定性好,分辨率高,测量范围大,是一种基于机械运动的探针测量设备。

【实验目的】

(1)学习台阶仪的原理和操作方法。
(2)掌握台阶仪操作技术,测试薄膜厚度。

【实验原理】

当台阶仪探针沿被测表面轻轻滑过时,由于表面有微小的峰谷,使触针在滑行的同时,还沿峰谷作上下运动。探针的运动情况反映了表面轮廓的情况。传感器输出的电信号经测量电桥后,输出与触针偏离平衡位置的位移成正比的调幅信号。经放大与相敏整流后,可将位移信号从调幅信号中解调出来,得到放大了的与触针位移成正比的缓慢变化信号。

台阶仪便是通过线性差动变压器(linear variable differential transformer,LVDT)来探测探针在垂直方向的运动,测量噪声水平小于 6 Å,保证系统具有最高的测量重复性。从 LVDT 得到的电子信号经模数转换,以数字形式在屏幕上显示为样品表面轮廓。LVDT 的工作原理是由振荡器产生一高频的参考电磁场,并内建一支可动的铁磁主轴以及两组感应线圈,主轴移动造成强度改变,由感应线圈感应出两电压值,相比较后即可推算出移动量。

【实验仪器】

布鲁克 Dektak XT 台阶仪,硅基底镀 Cu 薄膜。

【实验内容】

1. 开机步骤

(1)检查并确保所有连线连接正常。打开计算机主机和显示器。
(2)检查所有 USB 线是否连接正常,Vision64 软件的 Keys 是否已经安装。

(3)打开变压器电源。

(4)释放紧急按键，按箭头指示方向旋转。

(5)开启 PROFILER 电源(按下白色钮，开启时会亮起)，并预热机器 10 min。

(6)执行桌面上 Vision 程序。

(7)打开软件后会出现如图 16-1(b)所示画面，系统会自动完成"Load data initialization stage and tower"等。这个过程大概需要 1 min，请耐心等待。

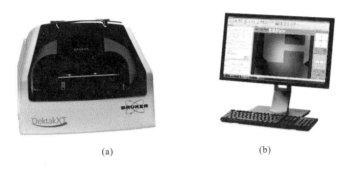

(a)　　　　　　　　　　　(b)

图 16-1　布鲁克 Dektak XT 台阶仪

2. 软件操作

(1)确认针的 Tower 是升起来的状态，若没升起来请按 Tower home。

(2)点击 Stage 移出，将样品放置在载物盘中心，点击 Stage 移动到探针的正下方。

(3)点击 Tower down 下针，探针接触样品后会自动弹起一小段(大概是 2 mm)，然后移动 Stage 微调找到需要测量的位置。保证针能下到样品上时，在针离样品距离小于 2 mm 后，不能触碰样品台。若待测样品较小，在点击 Tower home 时，不能确保样品在针的正下方，可先点 Tower down，探针到达距离样品 1 cm 左右高时，可点 Cancel 图标使 Tower down 暂停，然后使用 Stage 微调旋钮，将样品移动到探针正下方。

(4)设置扫描参数：

①Stylus Type→针的型号。

②Length→扫描长度，本机扫描范围为 50 μm～50 mm，设定勿超过此值。

③Duration→扫描时间，建议每扫描 500 μm 至少 5 s，以此类推。

④Resolution→分辨率，本仪器每秒固定取 300 个 Datapoint；扫描长度固定，扫描时间越长则分辨率越佳。

⑤Scan Type→扫描形式，选取 Standard Scan。测试环境噪声时选择 Static Scan。

⑥Stylus Force→探针测试力设置，本仪器设定范围为 1～15 mg，建议使用 3～5 mg。

⑦Measurement Range→量测深度范围，有 6.5 μm、65 μm、524 μm、1 mm 可以选取，按样品厚度选取。

⑧Profile→选取适合的样品表面轮廓，包括 Hills(测量凸起的台阶)、Valleys(测量凹

陷的台阶)、Hills and Valleys(有凸有凹的样品)，一般都使用 Hills and Valleys。

(5)开始量测：点 Measurement 开始测量。

(6)等测量完成后，在弹出的对话框中选择 YES 保存结果。

(7)测量完成后系统会自动跳转至 Data 分析界面。

如图 16-2，在屏幕最右侧 Data Analyzer 的窗口选 Terms Removal(F-operator)。在 Data Analysis 点击鼠标右键拉出 Rcourse 和 Mcourse 两个标尺，选中标尺可将标尺适当拉宽并移动到曲线相对较平滑的位置，点击鼠标右键选中 Level-Two point linear，点击鼠标左键对曲线进行拉平处理。

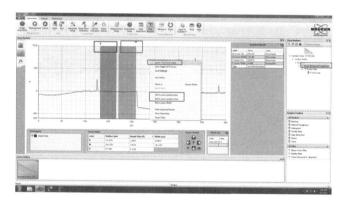

图 16-2

(8)拉平处理后在 Analysis Tool Box 里鼠标双击 Profile Stats。

(9)在屏幕最右侧 Data Analyzer 的窗口选中 Profile Stats 点击鼠标左键，并将 Mcourse 移动到要测量的台阶上，在 Analytical Results 窗口下 Label 选中空格，点击鼠标右键，选中 Append 弹出一个新的窗口(图 16-3)。

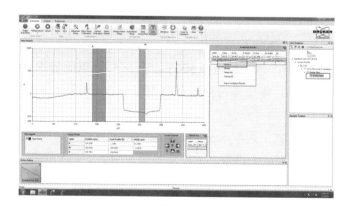

图 16-3

（10）测台阶高度选中 ASH，测粗糙度选中 Pa，然后点击 Calculate，即可得到测量值（图 16-4）。

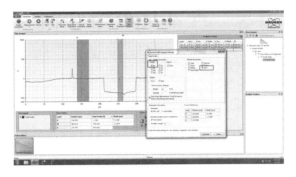

图 16-4

（11）数据保存。①若需要图片和数据，则直接截屏存图；②若想直接导出数据，则在 Analytical Results 窗口下，鼠标右键点选 Export Analysis Data。

（12）继续测量同一个样品，点 Measurement Setup，移动 Stage 微调找到需要测量的位置，重复步骤（9）～（12）。

3. 关机步骤

（1）测试完成后，点击 Tower Home 使 Tower 回到 Home 位置，移动 Stage，拿出样品，移回 Stage。

（2）关闭软件，关闭 PROFILER 的电源（黑色按钮），关闭变压器电源，关电脑和显示屏。

【注意事项】

（1）在机器运行的过程中，无特殊情况时不要按紧急按钮，此按钮是紧急断电按钮，如果多次使用会对机器控制板造成伤害甚至损坏。

（2）当探针与样品间距离小于 2 mm 后，不要触碰平台。

（3）注意针碰触到样品时，针头有无落在中央十字上，若没有请联络机台负责人。

（4）膜厚度高的方向面向使用者，扫描时在屏幕画面上针会由下往上扫描。

【思考题】

1. 当样品较小时，如何确保探针能够准确落在样品上？

2. 探针扫描完成后，如何得到待测薄膜的厚度？

【参考文献】

布鲁克(北京)科技有限公司. Dektak XT 操作手册.

第五章　激光技术与近代光学

　　早在激光器出现以前，1948 年，D.加伯(D.Gabor)为了提高电子显微镜的分辨率，提出了全息术实验原理。由于当时实验条件的限制，其工作进展并不显著。直到 20 世纪 60 年代，激光的出现为全息术提供了理想的光源，从此，对全息术的研究进入了一个崭新的阶段，相继出现了许多全息方法的应用，如全息术在显微技术、干涉计量、信息的存储和处理等方面的应用。

　　光学是一门历史悠久的学科。从 17 世纪牛顿的微粒说与惠更斯的波动说，到 19 世纪麦克斯韦光的电磁理论，再到普朗克提出的光发射和吸收的能量量子化假设，以及爱因斯坦的光量子概念。尤其是激光器的问世，使光学学科的研究和应用出现了一个全新的面貌。1966 年，英国标准通信实验室的高锟从理论上分析并证明了用光纤作为传输媒体以实现光通信的可能性，并设计了通信用光纤的波导结构。1976 年，美国贝尔实验室在亚特兰大与华盛顿之间，建立了世界上第一条实用化光纤通信线路。1980 年，实用且经济可行的光纤通信系统在世界范围内建立起来。从此，光纤通信技术成为现代通信技术的主要支柱之一。

　　本章包括了音频信号光纤传输技术和光学全息照相两个经典的近代物理实验。

实验 17　音频信号光纤传输技术

【引言】

光纤是光导纤维的简称，纤芯由直径大约为 0.1 mm 的细玻璃丝构成。光纤通信技术是现代通信技术的主要支柱之一，具有每一通道的信息容量大(采用波分复用等技术)、传输损耗小、成本低、传输质量高、频带宽、保密性能好、抗电磁干扰性强、重量轻、体积小等优点，是理想的现代性传输介质。人们对光纤通信的研究开始于 1966 年。同年，英国标准通信实验室的高锟在他的论文《光频率介质纤维表面波导》中，从理论上分析并证明了用光纤作为传输媒体以实现光通信的可能性，并设计了通信用光纤的波导结构。1976年，美国贝尔实验室在亚特兰大与华盛顿之间，建立了世界上第一条实用化光纤通信线路。到 1980 年，实用且经济可行的光纤通信系统在世界范围内建立起来。

随着国民经济的发展，语言、图像、数据等信息迅速增长，尤其因特网的快速兴起，广大用户对通信宽带的要求十分迫切。目前我国光缆线路总长度约为 250 万千米，光纤通信网已经成为电信业务的骨干传输网络。应该说，光纤通信已经和我们每个人的日常工作、生活息息相关。

本实验对光纤传输原理及传输中电光转换、光纤传输、光电转换等几个必需环节所用的器件及电路予以介绍，并通过实验中的具体测试让学生对光纤传输有所了解，为今后进一步学习打下基础。

【实验目的】

(1)熟悉半导体电光/光电器件的基本性能及其主要特性的测试方法。

(2)了解音频信号光纤传输系统的结构及主要部件选配原则。

(3)学习分析音频信号集成运放电路的基本方法。

(4)掌握音频信号光纤传输系统的调试技术。

【实验仪器】

该实验仪器包括：音频信号光纤传输技术实验仪、示波器和数字万用表。其中，音频信号光纤传输实验仪采用四川大学研制的 YOF-C 型，它由主机、光功率计和光纤信道三部分组成。主机前面板布局如图 17-1 所示，D_1 为直流毫安表；D_2 为直流电压表；K_1 为电源开关；K_3 为电压表切换开关；C_5 为正弦信号输出插孔；C_1 为调制信号输入插孔；W_1 为输入衰减调节电势器；W_2 为 LED 偏流调节电势器；L_2 为 LED 电流波形监测孔；C_2 为

LED 插孔；C_4 为 SPD 插孔；C_3 为光功率计插孔；K_2 为 SPD 切换开关；W_3 为 SPD 反压调节电势器；L_5 为 I/V 变换输出电压测试孔；L_7 为地；L_6 为功放输出。

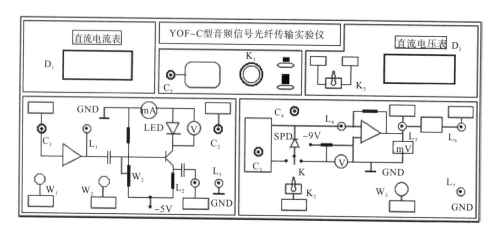

图 17-1   YOF-C 型音频信号光纤传输技术实验仪(发送器)前面板布局图

【实验原理】

1. 仪器系统的组成

音频信号光纤传输系统的原理图如图 17-2 所示，它主要包括光信号发送器(由半导体发光二极管 LED 及其调制和驱动电路组成)、传输光纤和光信号接收器(包括光电二极管、I-V 变换电路和功放电路组成)三个部分。光源器件 LED 的发光中心波长必须在传输光纤呈现低损耗的 0.85 μm、1.3 μm 或 1.5 μm 附近，本实验采用的是 0.85 μm 的 GaAs 半导体发光二极管作光源、峰值响应波长为 0.8～0.9 μm 的硅光电二极管作为光电检测元件。为了避免或减少谐波失真，要求整个传输系统的频带宽度能够覆盖被传输信号的频谱范围，对于音频信号，其频谱为 300～3400 Hz。光导纤维对光信号具有很宽的频带，故在音频范围内，整个系统的频带宽带主要决定于发送端调制放大电路和接收端功放电路的幅频特性。

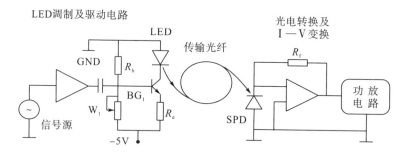

图 17-2   音频信号光纤传输系统原理图

2. 光纤的结构及传光原理

衡量光纤性能好坏有两个重要指标：一是看它传输信息的距离有多远；二是看它单位时间内携带信息的容量有多大。前者决定于光纤的损耗特性，后者决定于光纤的基带频率特性。经过对光纤材料的提纯，目前光纤的损耗很容易降到 1 dB/km 以下。光纤的损耗与工作波长有关，所以在工作波长的选用上，应尽量选用低损耗的工作波长，光纤通信最早是使用短波长(0.85 μm)，近来发展至使用 1.30～1.55 μm 范围的波长，因为在这一波长范围内光纤不仅损耗低，而且"色散"也小。

光纤的基带频率特性主要决定于光纤的模式性质。光纤按其模式性质通常可以分成两大类：①单模光纤；②多模光纤。无论是单模光纤还是多模光纤，其结构均由纤芯和包层两部分组成，纤芯的折射率较包层的折射率大。对于单模光纤，纤芯直径只有 5～10 μm，在一定条件下，只允许一种电磁场形态的光波传播。多模光纤的纤芯直径为 50 μm 或 62.5 μm，允许多种电磁场形态的光波传播。以上两种光纤的包层直径均为 125 μm。按其折射率沿光纤截面的径向分布状况又可以分为阶跃型光纤和渐变型光纤。对于阶跃型光纤，在纤芯和包层中折射率均为常数，但纤芯折射率 n_1 略大于包层折射率 n_2，所以对于阶跃型多模光纤，可用几何光学的全反射理论解释它的导光原理。在渐变型光纤中，纤芯折射率随离开光纤轴线距离的增加而逐渐减小，直到在纤芯-包层界面处减小到某一值后，在包层的范围内折射率保持这一值不变。根据光射线在非均匀介质中的传播理论可知：经光源耦合到渐变型光纤中的某些光射线，在纤芯内是沿周期性弯向光纤轴线的曲线传播。

本实验采用阶跃型多模光纤作为信号通道，以下应用几何光学理论进一步说明阶跃型多模光纤的传光原理。阶跃型多模光纤的结构如图 17-3 所示，它由纤芯和包层两部分组成，纤芯的半径为 a，折射率为 n_1，包层的外径为 b，折射率为 n_2，且 $n_1>n_2$。

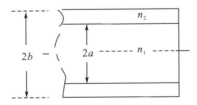

图 17-3 阶跃型多模光纤结构示意图

当一光束投射到光纤端面时，若进入光纤内部的光射线在光纤入射端面处的入射面包含光纤轴线，则称为子午射线，这类射线在光纤内部的行径是一条与光纤轴线相交、呈"Z"字形前进的平面折线；若耦合到光纤内部的光射线在光纤入射端面处的入射面不包含光纤轴线，则称为偏射线，偏射线在光纤内部不与光纤轴线相交，其行径是一条空间折线。下面对子午射线的传播特性进行分析。

如图 17-4 所示，假设光纤端面与其轴线垂直，如前所述，当一光线射到光纤入射端面时的入射面包含了光纤的轴线，则这条射线在光纤内就会按子午射线的方式传播。根据 Snell 定律及图 17-4 所示的几何关系有：

$$n_0 \sin \theta_i = n_1 \sin \theta_z$$

$$\theta_z = \frac{\pi}{2} - \alpha$$

$$n_0 \sin \theta_i = n_1 \cos \alpha \tag{17-1}$$

式中，n_0 是光纤入射端面左侧介质的折射率。通常光纤端面处在空气介质中，故 $n_0 = 1$。

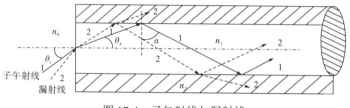

图 17-4　子午射线与漏射线

由式(17-1)可知，如果光纤在光纤端面处的入射角 θ_i 较小，则它折射到光纤内部后投射到纤芯-包层界面处的入射角 α，有可能大于由纤芯和包层材料的折射率 n_1 和 n_2。按式(17-2)决定的临界角 α_c：

$$\alpha_c = \arcsin \frac{n_2}{n_1} \tag{17-2}$$

在此情形下光射线在纤芯-包层界面处发生全内反射，该射线所携带的光能就被局限在纤芯内部而不外溢，满足这一条件的射线称为传导射线。随着图 17-4 中入射角 θ_i 的增加，α 角就会逐渐减小，直到 $\alpha = \alpha_c$ 时，子午射线携带的光能均可被局限在纤芯内。在此之后，若继续增加 θ_i，则 α 角就会变得小于 α_c，这时子午射线在纤芯-包层界面处的全内反射条件受到破坏，致使光射线在纤芯-包层界面的每次反射均有部分能量溢出到纤芯外，于是，光导纤维再也不能把光能有效地约束在纤芯内部，这类射线称为漏射线。

设与 $\alpha = \alpha_c$ 对应的 θ_i 为 θ_{imax}，由上所述，凡是以 $2\theta_{imax}$ 为张角的锥体内入射的子午射线，投射到光纤端面上时，均能被光纤有效地接收而约束在纤芯内。根据式(17-2)有

$$n_0 \sin \theta_{imax} = n_1 \cos \alpha_c$$

因光纤端面处在空气介质中，故 $n_0 = 1$，所以

$$\sin \theta_{imax} = n_1 (1 - \sin^2 \alpha_c)^{\frac{1}{2}} = (n_1^2 - n_2^2)^{\frac{1}{2}}$$

通常把 $\sin \theta_{imax} = (n_1^2 - n_2^2)^{\frac{1}{2}}$ 定义为光纤的理论数值孔径(numerical aperture)，用英文字符 NA 表示，即

$$NA = \sin \theta_{imax} = (n_1^2 - n_2^2)^{\frac{1}{2}} = n_1 (2\varDelta)^{\frac{1}{2}} \tag{17-3}$$

它是一个表征光纤对子午射线捕获能力的参数，其值只与纤芯和包层的折射率 n_1、n_2 有关，与光纤的半径 a 无关。在式(17-3)中，有

$$\Delta = \frac{n_1^2 - n_2^2}{2n_1^2} \approx \frac{n_1 - n_2}{n_1}$$

式中，Δ 称为纤芯-包层之间的相对折射率差，Δ 越大，光纤的理论数值孔径 NA 越大，表明光纤对子午线的捕获能力越强，即由光源发出的光功率更易于耦合到光纤的纤芯内，这对于作为传光用途的光纤来说是有利的，但对于通信用的光纤，数值孔径增大，模式色散也相应增加，这不利于传输容量的提高。通信用的多模光纤 Δ 值一般限制在 1%左右。由于常用石英多模光纤的纤芯折射率 n_1 为 1.50 左右，故理论数值孔径的值在 0.21 左右。

3. 半导体发光二极管结构、工作原理、特性及驱动、调制电路

光纤通信系统中，对光源器件在发光波长、电光效率、工作寿命、光谱宽度和调制性能等许多方面均有特殊要求。所以不是随便哪种光源器件都能胜任光纤通信任务，目前在以上各个方面都能较好满足要求的光源器件主要有半导体发光二极管(LED)和半导体激光二极管(LD)，本实验采用 LED 作光源器件。

光纤传输系统中常用的半导体发光二极管是一个如图 17-5 所示的 N-p-P 三层结构的半导体器件，中间层通常是由 GaAs(砷化镓)p 型半导体材料组成，称有源层，其带隙宽度较窄。两侧分别由 GaAlAs 的 N 型和 P 型半导体材料组成，与有源层相比，它们都具有较宽的带隙。具有不同带隙宽度的两种半导体单晶之间的结构称为异质结。在图 17-5 中，有源层与左侧的 N 层之间形成的是 p-N 异质结，而与右侧 P 层之间形成的是 p-P 异质结，故这种结构又称 N-p-P 双异质结构。当给这种结构加上正向偏压时，就能使 N 层向有源层注入导电电子，这些导电电子一旦进入有源层，因受到右边 p-P 异质结的阻挡作用不能再进入右侧的 P 层，它们只能被限制在有源层与空穴复合，在复合过程中，其中有不少电子会释放出能量满足以下关系的光子：

$$h\nu = E_1 - E_2 = \Delta E$$

式中，h 是普朗克常数；ν 是光波的频率；E_1 是有源层内导电电子的能量；E_2 是导电电子与空穴复合后处于价健束缚状态时的能量。

两者的差值 ΔE 与 DH 结构中各层材料及其组分的选取等多种因素有关，制作 LED 时只要这些材料的选取和组分的控制适当，就可使得 LED 发光中心波长与传输光纤低损耗波长一致。

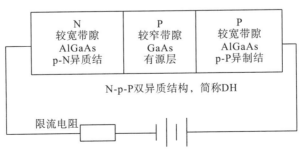

图 17-5 半导体发光二极管的结构及工作原理

与普通的二极管相比，半导体发光二极管的正向电压大于 1 V 以后，才开始导通，在正常使用情况下，正向压降为 1.6 V 左右。半导体发光二极管输出的光功率与其驱动电流的关系称 LED 的电光特性。半导体发光二极管的伏安特性与电光特性如图 17-6 所示。

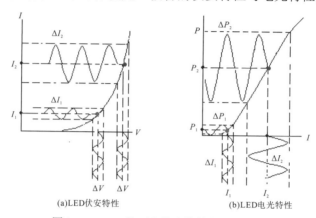

(a)LED伏安特性　　　　(b)LED电光特性

图 17-6　LED 的正向伏安特性与电光特性

为了使发送端能够产生一个无非线性失真，而峰-峰值又最大的光信号，使用 LED 时应先给它一个适当的偏置电流，其值等于电光特性曲线线性部分中点对应的电流值，而调制电流的峰-峰值应尽可能大地处于电光特性的线性范围内。在图 17-6 中，表示出了两种偏流状态下 LED 的正弦信号电光转换过程。

LED 的驱动和调制电路如图 17-7 所示，以 BG_1 为主构成的电路是 LED 的驱动电路，调节这一电路中的 W_2 可使 LED 的偏置电流在一定范围内变化。被传音频信号由以 IC_1 为主构成的音频放大电路放大后经电容器 C_4 耦合到 BG_1 基极，对 LED 的工作电流进行调制，从而使 LED 发送出光强随音频信号变化的光信号，并经光导纤维把这一信号传至接收端。

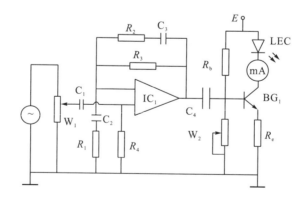

图 17-7　LED 的驱动和调制电路

4. 半导体光电二极管的结构、工作原理及特性

半导体光电二极管与普通的半导体二极管一样,都具有一个 P-N 结,光电二极管在外形结构方面有它自身的特点,这主要表现在光电二极管的管壳上有一个能让光线射入其光敏区的窗口。此外,与普通二极管不同,它经常工作在反向偏置电压状态[如图 17-8(a)所示]或无偏压状态[如图 17-8(b)所示]。

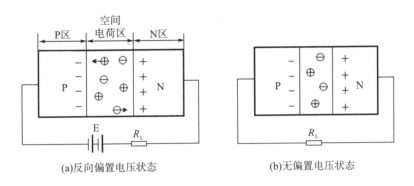

(a)反向偏置电压状态　　　　　　　　　　　　(b)无偏置电压状态

图 17-8　LED 的驱动和调制电路

在反偏电压下 P-N 结的空间电荷区的势垒增高、宽度加大、结电容减小,所有这些均有利于提高光电二极管的高频响应性能。无光照时,反向偏置的 P-N 结只有很小的反向漏电流,称为暗电流。当有光子能量大于 P-N 结半导体材料的带隙宽度 E_g 的光波照射到光电二极管的管芯时,P-N 结各区域中的价电子吸收光能后将挣脱价键的束缚而成为自由电子,与此同时也产生一个自由空穴,这些由光照产生的自由电子空穴对统称为光生载流子。在远离空间电荷区(亦称耗尽区)的 P 区和 N 区内,电场强度很弱,光生载流子只有扩散运动,它们在向空间电荷区扩散的途中因复合而消失,故不能形成光电流。形成光电流的主要靠空间电荷区的光生载流子,因为在空间电荷区内电场很强,在此强电场作用下,光生自由电子空穴对将以很高的速度分别向 N 区和 P 区运动,并很快越过这些区域到达电极沿外电路闭合形成光电流,光电流的方向是从二极管的负极流向它的正极,并且在无偏压短路的情况下与入射的光功率成正比。因此在光电二极管的 P-N 结中,增加空间电荷区的宽度对提高光电转换效率有重要作用。为此目的,若在 P-N 结的 P 区和 N 区之间再加一层杂质浓度很低以致可近似为本征半导体(用 I 表示)的 I 层,就形成了具有 P-I-N 三层结构的半导体光电二极管,简称 PIN 光电二极管,PIN 光电二极管的 P-N 结除具有较宽空间电荷区外,还具有很大的结电阻和很小的结电容,这些特点使 PIN 管在光电转换效率和高频响应特性方面与普通光电二极管相比均得到了很大改善。光电二极管的伏安特性可用下式表示:

$$I = I_0(1 - e^{\frac{qV}{kT}}) + I_L \tag{17-4}$$

式中，I_0是无光照的反向饱和电流；V是二极管的端电压(正向电压为正，反向电压为负)；q为电子电荷；k为玻尔兹曼常数；T是结温；单位为 K；I_L是无偏压状态下光照时的短路电流，它与光照时的光功率成正比。

式(17-4)中的I_0和I_L均是反向电流，即从光电二极管负极流向正极的电流。根据式(17-4)，光电二极管的伏安特性曲线如图 17-9 所示，对应图 17-8(a)所示的反偏工作状态，光电二极管的工作点由负载线与第三象限的伏安特性曲线交点确定。

由图 17-9 可以看出：

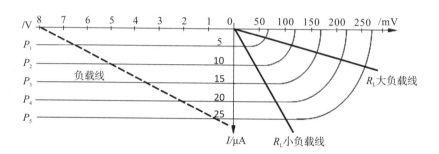

图 17-9 光电二极管的伏-安特性曲线及工作点的确定

(1)光电二极管即使在无偏压的工作状态下，也有反向电流流过，这与普通二极管只具有单向导电性相比有着本质的差别，认识和熟悉光电二极管的这一特点对在光电转换技术中正确使用光电器件具有十分重要的意义。

(2)反向偏压工作状态下，在外加电压 E 和负载电阻 R_L 的很大变化范围内，光电流与入照的光功率均具有较好的线性关系；无偏压工作状态下，只有 R_L 较小时光电流才与入照光功率成正比，R_L 增大时，光电流与光功率呈非线性关系；无偏压短路状态下，短路电流与入照光功率具有很好的线性关系，这一关系称为光电二极管的光电特性，这一特性在 I-P 坐标系中的斜率为

$$R_{响} = \Delta I / \Delta P \tag{17-5}$$

式中，$R_{响}$定义为光电二极管的响应度，它是表征光电二极管光电转换效率的重要参数。

(3)在光电二极管处于开路状态情况下，光照时产生的光生载流子不能形成闭合光电流，它们只能在 P-N 结空间电荷区的内电场作用下，分别堆积在 P-N 结空间电荷区两侧的 N 层和 P 层内，产生外电场，此时光电二极管具有一定的开路电压。不同光照时的开路电压就是图 17-9 所示的伏安特性曲线与横坐标轴交点所对应的电压值。由图 17-9 可见，光电二极管开路电压与入照光功率也是呈非线性关系。

(4)反向偏压状态下的光电二极管，由于在很大的动态范围内其光电流与偏压和负载电阻几乎无关，故在入照光功率一定时可视为一个恒流源。而在无偏压工作状态下光电二极管的光电流随负载电阻变化很大，此时它不具有恒流源性质，只起光电池作用。

光电二极管的响应度 $R_{响}$ 值与入照光波的波长有关。本实验中采用的硅光电二极管，

其光谱响应波长为 0.4～1.1 μm、峰值响应波长为 0.8～0.9 μm。在峰值响应波长下，响应度 $R_响$ 的典型值为 0.25～0.5 μA/μW。

【实验内容】

1. LED 伏安特性及电光特性的测定

1）LED 伏安特性

首先按以下方式把光纤信道和光功率计接入实验系统：

(1)把两头带单声道插头的电缆线，一头插入主机前面板的"LED 插孔"C_2，另一头插入光纤绕线盘上的 LED 插孔内。

(2)把硅光电二极管 SPD 带光敏面的一头插入光纤绕线盘上的光纤出光口、引出 SPD 正负极的电缆插头插入主机前面板的"SPD 插孔"C_4。

(3)把两头带单声道插头的电缆线，一头插入主机前面板的"光功率计插孔"C_3，另一头插入光功率计面板上的"光电探头"插孔。

(4)主机前面板上 SPD 的切换开关 K_2 和电压表切换开关 K_3 均置于左侧，这样就使 SPD 作为光功率的光电探头使用，直流电压表就并接在 LED 两端，作测量 LED 的端电压使用。调节图 17-10 中的 W_2，使指示 LED 工作电流的直流毫安表 D_1 从零开始慢慢增加。当 D_1 有不为零的指示出现时，就表示 LED 开始导通。继续调节 W_2，使 D_2 读数增加，每增加 50 mV 读取和记录一次 D_1 读数，直到 D_1 的读数到 50 mA 为止。以 D_2 的读数为自变量，D_1 的读数为因变量，绘制 LED 的伏安特性曲线。

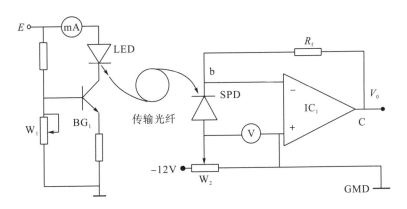

图 17-10 光电二极管反向伏安特性的测定

2）LED 电光特性

保持以上连线不变，调节 W_2 使 D_1 的读数为零。在此情况下光功率计的指示应为零，若不为零，调节光功率的"调零电势器"使之为零。然后继续调节 W_2 使 D_1 的指示从零开始增加，每增加 5 mA 读取和记录一次光功率计的读数，直到 D_1 的指示超过 50 mA 为止。以 LED 的电流为自变量,光功率为因变量,绘制 LED 的电光特性并确定出其线性度较好的线段。

2. LED 偏置电流的选择和无非线性畸变最大光信号的测定

由于 LED 的伏安特性及电光特性曲线均存在非线性区域,所以对于 LED 的不同偏执状态,能够获得的无非线性畸变的最大光信号的幅度或(峰-峰值)也具有不同值。在设计音频信号光纤传输系统时,应把 LED 的偏置电流选择为电光特性线性范围最宽线段的中点所对应的电流值。

测定最大光信号幅度的实验方法如下:用本实验仪提供的音频信号源(频率为 1 kHz 左右)作调制信号,示波器的输入接至 I-V 变换电路的输出端,在 LED 偏置电流分别是 5 mA、10 mA、15 mA、20 mA 的情况下,从零开始,逐渐增加调制信号源的输出幅度,直到示波器上显示的波形出现畸变为止,记录下此时示波器上显示的音频信号的峰-峰值。

3. SPD 光电特性的测定

在第一个实验的连接基础上,为了测量 I-V 变换电路输出电压,需把数字万用表(直流电压 2 V 挡)接入主机前面板的 L_5 和 L_7 插孔。前面板上开关 K_2 和 K_3 应打在右侧。这样就使 SPD 作为 I-V 变换电路的光电探头、电压表 D_2 作为测量 SPD 反向电压的电压表接入了实验系统。

1)测量原理

按以上方式连接好的实验系统,与图 17-10 的原理图对应。在该图中,由 IC_1 构成的电路是一个电流-电压变换电路,它的作用是把流过光电二极管的光电流 I 转换成 IC_1 输出端的输出电压 V_0,V_0 与光电流成正比。整个测试电路的工作原理如下:由于 IC_1 的反相输入端具有很大的输入阻抗,光电二极管受光照时产生的光电流 I 几乎全部流过 R_f 并在其上产生电压降 $V_{cb} = IR_f$。另外,又因 IC1 具有很高的开环电压增益,反相输入端具有与同相输入端相同的地电位,故 IC1 的输出电压为

$$V_0 = IR_f \tag{17-6}$$

已知 R_f 后,就可根据上式由 V_0 计算出相应的光电流 I。

2)测量

(1)调好光功率计零点后,在 SPD 零光照情形下,调节反压调节电势器 W_3,使 D_2 的读数从零开始增加,每增加 1 V 读取和记录一次数字万用表的读数,直到 D_2 的读数为 10 V 为止。

(2)在以上连接不变的基础上,把 K_2 置于左边,调节 W_2 分别使光功率计指示为 5μW、10μW、15μW、20μW 和 25μW。光功率计读数每改变一次,就把主机前面板上"SPD 切换"开关 K_2 倒向右侧一次,重复一次(1)项的测定。为了完成 SPD 在以上不同光照下的反向伏安特性曲线的测定,开关 K_2 需左右来回切换 5 次。

(3)在断电情况下，用数字万用表的电阻挡测量主机 L_4、L_5 插孔间的电阻 R_f 的阻值。

(4)以光功率计的读数(包括 $P=0$)为参数，SPD 反压为自变量，SPD 光电流 I_0(I_0=数字万用表电压读数$/R_f$)为因变量，根据实验数据绘制不同光照下 SPD 的反向伏安特性曲线和零偏压情况下 SPD 的光电特性曲线，并计算 SPD 的响应度值。

4. 接收端允许的最小光信号幅值的测定

把语音信号接入 LED 的调制输入插孔、小音箱接入接收端功放输出插孔，在保持实验系统以上连接不变的情况下，首先把 LED 的偏置电流调为 5 mA，然后从零开始逐渐加大语音信号的输出幅度，直到图 17-10 中接到 I-V 变换电路输出端和"地"端的数字万用表的读数有变化为止，考察接收端的音响效果，能否清晰辨别出被传的音频信号。若能，继续减小 LED 的偏置电流重复以上步骤，直至不能清晰辨别出接收信号为止，记下在这一状态之前对应的 LED 的偏置电流 I_{min}，并由 LED 电光特性曲线确定出 $0\sim2I_{min}$ 对应的光功率的变化量 ΔP_{min}。因接收端允许的最小光信号的峰-峰值不会大于 ΔP_{min}，故 ΔP_{min} 可以作为本实验系统接收端允许的最小光信号的幅值。

5. 语言信号的传输

测定整个音频信号光纤传输系统的音响效果。实验时把示波器和数字毫伏表接至接收器的 I-V 变换电路的输出端，适当调节发送器的 LED 偏置电流和调制输入信号幅度，使传输系统达到无非线性失真、光信号幅度为最大的听觉效果。

【思考题】

1. 在 LED 偏置电流一定的情况下，当调制信号幅度较小时，指示 LED 偏置电流的毫安表读数和调制信号幅度无关，当调制信号幅度增加到某一程度后，毫安表读数将会随着调制信号的幅度而变化，为什么？

2. LED 确定后，光信号的远距离传输应如何设定偏置电流和调制幅度？

3. 利用 SPD、I-V 变化电路和数字毫伏表，设计一个光功率计。

【参考文献】

丁慎训，张连芳，2002. 物理实验教程[M]. 北京：清华大学出版社.

高铁军，孟祥省，等，2009. 近代物理实验[M]. 北京：科学出版社.

黄建群，胡险峰，雍志华，2005. 大学物理实验[M]. 成都：四川大学出版社.

Kao K C，Hockham G A，1966. Dielectric-fibre surface waveguides for optical frequencies[J]，PROC. IEE，113(7)：1151-1158.

实验 18　光学全息照相

【引言】

1948 年英国科学家 D.加伯(D.Gabor)在研究如何提高电子显微镜的分辨率时提出了一种无透镜的两步光学成像方法,他称之为"波前重建",成功地发明了全息术。他使电子束构成的物体衍射波与相干的背影波重合,将物体衍射波的振幅和相位以干涉条纹的形式记录在照相底片上(他首次把这种记录取名为全息图),然后用波长范围比电子束波长大10 倍的光波照明此全息图,加以光学放大,重现了物体。虽然加伯发明了别具一格的全息术,但由于在制作全息图时所需的光波必须是相干光,而在当时要获得一个足够好的相干光源极为困难,因而全息术自那以后的十几年时间里并没有什么进展。直到 1960 年激光器的问世,提供了相干性好的强光源,全息技术才得到迅速发展,变为现实。加伯因为全息术的开创性研究成果,荣获 1971 年诺贝尔物理学奖。1962 年,美国科学家 E.N.利思(E. N. Leith)和 J.乌帕特尼克斯(J. Upatnieks)借助于激光的相干性好、亮度高等特点,在改进了加伯的原始方案之后,成功地实现了更具有生命力的激光全息术。从此引起了许多国家和科技工作者对全息术的极大研究兴趣,使得全息术的进展十分惊人,全息术的应用前景也越来越宽广,并在全息显示、干涉计量、无损探伤、全息光学元件、全息信息处理、全息储存、全息显微、计算机全息等诸多方面都有了广泛的应用。全息术还适用于电磁波谱中各个波段,如电子波全息、X 射线全息、微波全息、声波全息、地震波全息等,其中以可见光区域最适合全息照相。由于全息图记录的是物体光波振幅和相位的全部信息,所以再现的物像是一个三维立体像。

【实验目的】

(1)了解全息照相的基本原理。
(2)学习全息照相的基本实验技术及操作要领。
(3)通过再现观察了解全息照相的特点。

【实验原理】

1. 光波信息

由光的波动理论知道,光波是电磁波。一列单色波可表示为

$$x_i = A_i \cos\left(\omega_i t - \frac{2\pi r_i}{\lambda_i}\right) \tag{18-1}$$

式中，A_i 为振幅；ω_i 为角频率；λ_i 为波长。

一个实际物体发射或反射的光波比较复杂，但是一般可以看作是由许多不同频率的单色波的叠加

$$x = \sum A_i \cos\left(\omega_i t - \frac{2\pi r_i}{\lambda_i}\right)$$

即

$$x = A \cos\left(\omega t - \frac{2\pi r}{\lambda}\right) \tag{18-2}$$

令 $\phi = \dfrac{2\pi r}{\lambda}$，则式(18-2)可表示为

$$x = A\cos(\omega t - \phi)$$

因此，任何一定频率的光波都包含着振幅 A 和相位 $\omega t - \dfrac{2\pi r}{\lambda}$ 两大信息。其中振幅平方的大小表示光波分布的强弱，相位是确定光波的传播方向和传播的先后。光在传播过程中，借助于它们的频率、振幅和相位来区别物体的颜色(频率)、明暗(振幅平方)、形状和远近(相位)。在频率给定的情况下(即采用单色光)，波场中某个波面上的振幅和相位分布就是发光物体的信息。

2. 全息照相

普通照相与全息照相无论在原理和方法上都有着本质的区别。普通照相只记录了被摄物体反射(或透射)光的振幅信息，利用透镜把物体成像在平面上，记录下的是一个二维平面图像。它是以光的直线传播、反射、折射等几何光学理论为基础的，只反映出被摄物体表面上各点的光强(即振幅的平方)，并没有记录物光各点的不同相位信息，因此不能反映被摄物表面凹凸及远近的差别，无立体感。而全息照相是以光的干涉、衍射等物理光学理论为基础，借助"参考光"与"物光"相互的作用，记录下了包括物光波的振幅和相位的全部信息，在记录介质(如感光板)上得到的不是物体的影像，而是只有在高倍显微镜下才能观察到的细密干涉条纹，称为全息图。条纹的明暗程度和形状反映了物光波的振幅和位相分布，好像一个复杂的衍射光栅，只要在适当的再现光照明下，就能重建原来的物光波，能看到立体感很强的与物逼真的像。因此，全息照相的全过程分两步：第一步，设法把物体光波的全部信息记录在感光材料上，也称为造像；第二步，照明已被记录下全部信息的感光材料，使其再现原物的光波，也称为建像。

3. 全息照相的记录原理

根据现有记录介质的特点，必须将物光波的相位变化转换成光波的强度变化，这样才

有可能使记录介质记录下光波振幅变化的同时也记录下其位相的变化,从而一并记录下物光波的全部信息,这就是全息照相的重要物理思想。全息图的制作,就是从实验上实现这一物理思想的具体体现。

由物理光学可知,利用干涉的方法,以干涉条纹的形式就可以记录物光波的全部信息。用激光照射物体,因漫反射而发出物光波 O,物光波信息包括振幅和相位,但是所有的感光材料都只对光强有响应,所以必须把相位信息转换成强度的变化才能记录下来,可以用干涉的方法来实现转换,如图 18-1 所示。

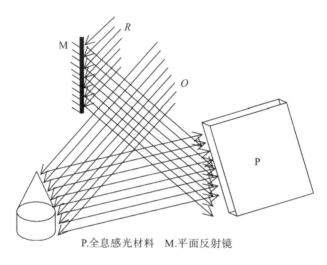

P.全息感光材料　M.平面反射镜

图 18-1　干涉记录

具体做法:把一束激光用分束镜分成两束,一束光照射到被摄物上,经物体漫反射后反射到全息感光材料上,称为物光 O;另一束直接照射到全息感光材料上,称为参考光 R。由同一束光分成的这两束光具有高度的时间和空间相干条件,在它们相交的共同光场中,将产生干涉现象,用全息感光材料就能记录下它们所产生的复杂干涉条纹,经显影、定影即成全息图。感光材料上各点的光强分布为物光波 O 和参考光 R 的叠加,可表示为

$$I = (O+R)(O+R)^* = OO^* + RR^* + OR^* + O^*R = I_O + I_R + OR^* + O^*R \tag{18-3}$$

式中, O^*、R^* 分别为 O、R 的共轭量;I_O 是物光 O 单独照到感光板上产生的光强;I_R 是参考光 R 单独照到感光板上产生的光强;OR^* 和 O^*R 是物光与参考光同时作用的干涉项。感光板记录下的干涉条纹和强度,决定了物光波在各点的振幅和相位的信息。因此,在全息材料上记录的干涉条纹,是一个十分复杂的干涉条纹的集合,最后形成一个人眼不能识别的全息图。

全息图上干涉条纹的间距由布拉格条件可以推得

$$d = \frac{\lambda}{2\sin\frac{\theta}{2}} \tag{18-4}$$

式中，θ 为参考光束和物光束之间的夹角；λ 为入射光的波长，在物光和参考光夹角大的地方，条纹细密；夹角小的地方，条纹稀疏。

由波的叠加原理可知，干涉条纹的明暗主要取决于两列光波在相干处的相位关系（和两光波的振幅也有关），若相位相同，两列光波的振幅相加，形成亮条纹；若相位相反，则两列光波的振幅相减，形成暗条纹；如果二者的相位既不相同又不相反，则条纹的明暗程度便介于前两种极限情形之间。干涉条纹的明暗对比度（即反差）和两相干光的振幅有关：如果物光和参考光两光束的振幅相等，则反差最大；如振幅一大一小，则反差小。

可见，物光波中的振幅和相位的信息以干涉条纹的反差和明暗变化被记录下来，物光波的位相以条纹的间距和走向被记录下来，所以物光波的全部信息均以干涉条纹的形式被记录下来了。

值得指出的是：感光板上每一点的光强是参考光与到达该点的整个物光波干涉的结果，物体上各点发出的光到达感光板上的这一点，都对这一点的光强有贡献。全息片上任一小部分都包含整个物体（所有各点）的全部信息，物体上每一点的信息都记录在整个感光板上。

4. 全息照相的再现原理

人能看到物体，是因为从物体发出或反射的光波被眼睛接收。全息片记录的不是被摄物的影像，而是一些复杂的干涉条纹，要想看到原物的像，则必须使全息图能再现物体原来发出或反射的光波。这个过程就被称为物像再现。全息图好比一块复杂的光栅，其衍射与光栅衍射相类似。被扩大的激光束（称再现光，如图 18-2 所示）从特定方向（参考光的方向）照射全息片，其透过率为

$$T(x,y) = T_0 + \beta E \tag{18-5}$$

式中，T_0 为未曝光部分的透过率；β 为取决于感光材料感光特性和显影过程的一个常数；E 为全息片上的曝光量，用

$$E(x,y) = It \tag{18-6}$$

来表示，t 为曝光时间。

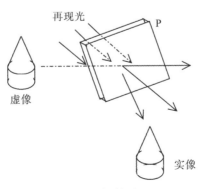

图 18-2 衍射再现

由式(18-5)、式(18-6)可得

$$T = T_0 + \beta t I \tag{18-7}$$

若用与参考光相同的再现光来照射已处理好的全息片，则透过的光波为

$$W = TR = (T_0 + \beta t I)R$$

$$= T_0 R + \beta t I R = T_0 R + \beta t R (I_O + I_R + OR^* + O^*R) \tag{18-8}$$

$$= [T_0 + \beta t(I_O + I_R)]R + \beta t ROR^* + \beta t RO^*R$$

在参考光为平面波或球面波时，I_R 为常量；当物光是从物体上均匀漫反射时，I_O 也近似常量。再现光经全息片衍射后，分成三束光波。

第一项：$[T_0 + \beta t(I_O + I_R)]R$，与参考光 R 成比例，是直接透过的再现光，相当于衍射光栅的零级衍射光波，当然光的强度有所减弱。

第二项：$\beta t ROR^*$，是按一定的比例重建的物光波，即+1 级衍射光波，这一项与原来物体所在处发出的光波相同，是一束发散光，形成原物的初级像，即在原物处形成一虚像。它与原物光波波前具有同样的位相分布和振幅分布，所以它就是物光波的再现波，具有物光波的所有性质。逆着光传播的方向看，就如同看到实际物体一般。

第三项：$\beta t RO^*R$，与 O 的共轭光波 O^* 有关，即-1 级衍射光波，它是一束会聚光，形成初级像的共轭像，即在原物体的对称位置形成一实像。它不仅包括了物光波的共轭光波，还包括了参考光的位相，即该项表示的是一个有变形的物体的实像。假如用参考光的共轭光照射底片，能够得到无变形的实像。

应当注意：全息照片实际上是用干涉方法获得的光栅，它与普通光栅不完全相同，通常光栅透光部分与不透光部分截然分明，全息照片所记录的干涉条纹黑白之间不是截然分明，其黑白变化程度近似按正弦规律逐渐变化，故称正弦光栅，其特点是只有零级和正、负一级衍射，不存在高阶衍射。

5. 反射全息片——白光再现全息图

反射全息片的特点是感光材料的乳胶层较厚，比干涉条纹间距大得多，拍摄时物光与参考光夹角为 180°，物光与参考光在乳胶层内互相干涉，形成立体光栅。当再现光照射全息片的立体光栅发生衍射时，所遵从的规律与 X 光在晶格中衍射的规律类同，遵从布拉格方程

$$2d\sin\theta = \lambda \tag{18-9}$$

只有入射的再现光的方向和波长都满足式(18-9)，才能看到再现的像。而白光中包含了可见光的各种波长，只要其中某一波长满足上述条件，就可看到再现像。拍摄反射全息片的光路如图 18-3 所示。

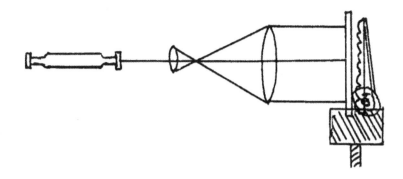

图 18-3　反射全息片记录光路

6. 全息照相的主要特点

(1) 立体感强。由于全息图记录了物光波的全部信息，所以通过它所看到的虚像是逼真的三维图像。如果从不同角度观察全息图，就像通过窗户看室外景物一样，可以看到物体的不同侧面，而且有视差效应和景深感。

(2) 具有可分割性。因为全息照片上的每一点都有可能接收到物体上各个点的散射光，这样也就记录了来自物体各个点的物光波信息。因此，通过全息图的每一小块均能再现出完整的物体图像。

(3) 同一张全息片上可重叠拍摄多个全息图。对于不同的物体，采用不同角度的参考光束进行拍摄，则相应的物体的再现像就出现在不同的衍射方向上，每一再现像可做到不受其他再现像的干扰而显示出来。

(4) 全息照片再现时，像可放大或缩小。

(5) 全息照片再现时，像的亮度可变化。再现光越强，再现像越亮，实验指出，亮暗的变化可达 1000 倍。

7. 拍摄系统的技术要求

为了拍摄一张合乎要求的全息图，拍摄系统必须具备如下几个要求：

(1) 对光源的要求。拍摄全息图必须用具有高度空间和时间相干性的光源。可用激光器作为相干光源，如 He-Ne 激光器，$\lambda = 683.2$ nm，其单色性虽好，但谱线仍有一定的宽度（$\Delta\lambda = 0.002$ nm），相应的相干长度为 $L = \lambda^2 / \Delta\lambda = 20$ cm。为了确保物光和参考光发生干涉，布置光路时应使两束光的光路的光程尽量接近，一般不超过 10 cm。采用 He-Ne 激光器，拍摄较小的漫反射物体时可获得质量较好的全息图。

(2) 对系统稳定性的要求。如果在曝光过程中，干涉条纹的移动超过半个条纹宽度，干涉条纹就不能被清晰地记录；条纹移动小于半个条纹宽度时，全息图有时仍可形成，但质量会受到很大影响。所以，记录的干涉条纹越密（即物光和参考光夹角越大）或曝光时间越长，对稳定性的要求就越高。为此，需要有一个刚性和防振性都良好的工作台。系统中所有光学元件和支架都要用磁性座牢固地吸在工作台面钢板上，形成一个稳定的整体。在曝光过程中不得喧哗，不得随意走动，以保证实验顺利进行。

(3) 对光路的要求。参考光和物光两者的光程差要尽量小(两者之间的夹角应小于45°)。因为夹角小，干涉条纹的间距就大，条纹稀疏，这样对系统的稳定性和感光材料的分辨率的要求就较低；物光和参考光的光强比要适当，一般以1∶4～1∶8为宜。此外，为了减少光的损失及干扰，使用的光学元件不宜过多。

(4) 对全息干板的要求。要制作优良的全息图，一定要有合适的记录介质。因为全息图中所记录的干涉条纹间距很小，需要高分辨率的感光材料。国产天津 I 型全息干板的分辨率可达3000线对/mm，能满足全息照相的要求，它专门用于波长为683.2 nm的He-Ne激光，因为它对绿光不敏感，所以可在暗绿灯下安全操作。

【实验仪器】

全息实验台、He-Ne激光器、光电快门、分束镜、平面反射镜、扩束镜、载物台、底片夹、曝光定时器、全息干板、暗房设备及冲洗药水(包括显影液、定影液)等。

【实验内容及操作】

1. 按照图18-4所示设计布置光路，拍摄一张静止小物体的全息照片并进行再现观察。

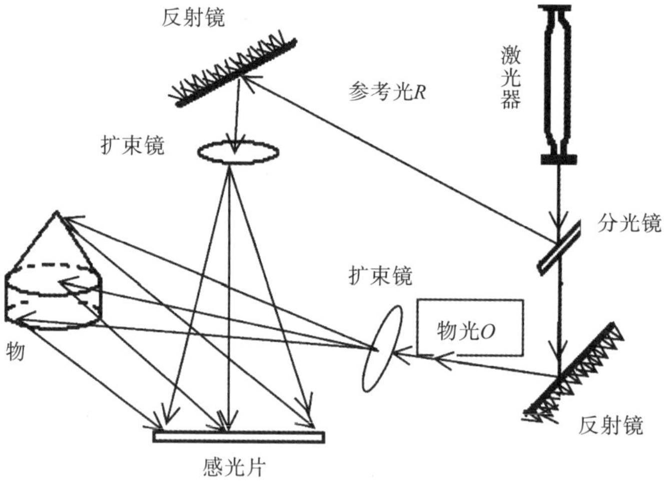

图18-4　拍摄全息照片的光路

(1) 熟悉实验室布局和暗室设备，了解全息干板的装夹方法，曝光定时器和各种光学元件支架的调整和使用方法。

(2) 借助气泡水准仪检调全息台的水平度。气袋不可充气太多，否则易震。

(3) 按图 18-4 所示布置光路时，做好以下调整：

(a) 使各光学元器件中心等高，可用小直尺测量和比较。

(b) 物光和参考光的光程应大致相等，二者的光程差控制在 3 cm 以内。

(c) 投射于感光板上的物光与参考光之间的夹角略小于 45°，以便观察再现像时避开直射强光。夹角为 20°～45°。

(d) 选用适当的分束比，照射到全息干板上的参考光和物光光强之比不要太悬殊，以 3∶1～5∶1 为好。为此，在干板架上放置一个白色光屏，挡住参考光，调整物光扩束镜和被摄物，使尽量多的物光反射到屏上。然后调整参考光角度和扩束镜，直到满足上述比例要求，取下光屏。

(4) 曝光和冲洗。

(a) 调整曝光定时器，曝光时间一般为几秒到几十秒，视物的大小、表面情况、干板感光灵敏度和光源的强弱而定，最佳时间是通过试拍确定的。

(b) 关闭光源，在黑暗中把全息干板置于干板架上，必须是感光乳剂面朝向被摄物体。

(c) 接通激光器电源，1～3 min 后即可开动快门曝光。

(d) 将感光的干板显影 2～3 min，用水漂一漂，再定影 5 min，可在暗绿灯下操作(为增强全息图的衍射能力，定影后可以把它放到漂白液中漂白，操作时使用夹子，手不要接触漂白液。漂白后用自来水冲洗几分钟，吹干)。

(5) 物像再现的观察。自己设计再现光路，让再现光以原参考光束对干板的方位射向全息图，在全息照片后面原物所在的方位处可以观察到物的虚像。如加用共轭光(最好是会聚光从全息图的玻璃面入射)，用毛玻璃能够接收到实像。

2. 按光路图 18-3 或自己另行设计光路图，拍摄一张反射式全息片，然后在白光下进行再现观察。

3. 拍摄全息光栅(选做，可参阅附录)。

【注意事项】

(1) 不能用手触摸所有的光学元件。

(2) 实验中绝对不能用眼睛直视未扩束的激光束，以免造成视网膜的永久损伤。

(3) 严格遵守暗房操作规程。

【思考题】

1. 为了拍摄出一张质量好的全息图，实验中主要应注意哪些问题？

2. 在调试光路时若发现物光太弱，不能满足拍摄要求，实验上可采取哪些措施以达到要求？

3. 如何观察再现像？

4. 全息照片与普通照片有何区别？

5. 全息照片有何特点？为什么？自己设计光路时物光和参考光的光程为什么要尽量接近？

6. 如果参考光的位相改变 180°，是否会导致全息图的黑白颠倒？用一张全息图复制一张黑白反转的"正片"，是否能够再现与"负片"同样的再现像？

7. 感光片怎样记录被摄物的相位信息？

8. 假如用波长为 488.0 nm 的氩离子激光束作为用 He-Ne 激光制作的全息图的再现光源，则再现结果将如何？

9. 试设计能拍摄透明图片(例如幻灯片)全息图的光路图。

10. 拍摄一张优质全息图应具备哪些基本条件？

11. 拍摄全息光栅时所要求的两平行光束是怎样获得的？实验上如何判断这两束光的平行性？

12. 要制作一块高质量的全息光栅，在实验上应该注意些什么问题？

13. 制作前估计的光栅常数与制作后的测量值一致吗？为什么？

【参考文献】

李治学，2007. 近代物理实验[M]. 北京：科学出版社.

王绿苹，1991. 光全息和信息处理实验[M]. 重庆：重庆大学出版社.

邬鸿彦，朱明刚，1998. 近代物理实验[M]. 北京：科学出版社.

【附录　全息光栅的制作】

【实验目的】

(1)了解全息光栅的制作原理，进一步熟悉双光束干涉的基本特点。

(2)学习和掌握制作全息光栅的实验方法和技术。

【实验原理】

光栅和棱镜一样，也是一种重要的分光元件，它是应用光的衍射原理将射在其上的含有各种不同波长的复色光在空间展开成亮度不同、间隔较宽及按波长顺序排列的光谱。利用光栅能进行光谱分析、精确测定光波的波长或获得所需要的单色光源。通常所使用的光栅是在一块平面玻璃板上利用精密刻划机或用"光刻"的方法刻上一组很密很细且平行等间距的直线而成。下面介绍一种应用全息术制作光栅的实验原理和方法(光路图见图 18-5)。

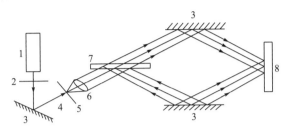

1.He-Ne 激光器 2.光电快门 3.平面反射镜 4.扩束镜 5.针孔滤波器 6.准直透镜 7.分光镜 8.全息干板

图 18-5　拍摄全息光栅参考光路图

当两束相干的平面光波以一定角度相交时,在它们的交叠区将形成等间距的直线干涉条纹。如果将记录介质(全息干板)以一定的取向放在这个区域进行适当的曝光,那么经暗房处理后得到的底板就是一块光栅。因为这是用全息的方法获得的,故称为全息光栅。全息光栅不存在刻划光栅所存在的固有周期误差,所以没有罗兰鬼线。另外,它还有制作较简便、尺寸较大、杂散光干扰小及分辨率高等优点,因此,应用较广。

感光材料常用的是国产天津Ⅰ型全息干板,其分辨率已达 3000 线对/mm,足以满足实验的要求,是制作全息光栅的理想感光材料。单色光源选定之后,只要调节物光和参考光两光束之夹角,就可得到所要求光栅常数的全息光栅。

可以证明,当参考光 R 与物光 O 相等时,则全息片上的 $I = \psi \cdot \psi *$(ψ 是全息片上光场的复振幅)的光强极小值为 0,这时的干涉条纹最清晰。而光栅常数 d 可按公式

$$d = \lambda / (\sin\theta_1 + \sin\theta_2)$$ (18-10)

来计算。式中,θ_1、θ_2 分别是两光束与全息片法线的夹角。

若物光束与参考光束间的夹角为 θ,并有 $\theta_1 = \theta_2 = \theta/2$,则

$$d = \frac{\lambda}{2\sin\dfrac{\theta}{2}}$$ (18-11)

也可用两干涉条纹的间距 d 的倒数

$$\eta = \frac{2\sin\dfrac{\theta}{2}}{\lambda}$$ (18-12)

来表示光栅空间频率,它的常用单位是"线对/mm",表示用感光材料去记录这样的干涉条纹所需的最小分辨率。

要获得一块高质量的全息光栅,对实验操作的要求比较高,必须做到:

(1)物光和参考光两光束尽量等光程,要求两光束是平行光束。

(2)物光和参考光两光束光强之比应为 1:1～1:10。

(3)全息干板应放置成与两光束夹角的平分线相垂直。

(4)经暗房处理好的感光全息干板必须再进行漂白处理，以提高其衍射效率。

【实验仪器】

全息实验台及各种光学附件(电磁快门、分束镜、反射镜、扩束镜、针孔滤波器、准直透镜)、He-Ne 激光器、曝光定时器、全息干板、暗房设备及冲洗药水(包括显影液、定影液)等。

【实验内容及操作】

(1)根据原理所述，自行设计并调试实验光路，制作一块 400 线对/mm 的全息光栅。

(2)根据"光栅衍射"实验，测定自制全息光栅的光栅常数，并与理论设计参数进行比较，分析实验结果。

第六章　液晶显示技术

21 世纪是信息时代，发展全新的信息功能材料及器件，突破现有技术的局限，是 21 世纪初世界范围内所面临的最重大的科学问题之一。信息显示技术作为其中重要的一环，更是对人类知识的获得和生活质量的提高起着重要的作用。信息的显示依靠显示器来实现，现代社会上有着许多种类的显示器件，比如：液晶显示器(liquid crystal display，LCD)的计算机器、手机、便携式计算机，半导体发光数码管[以发光二极管(light emitting diode，LED)为基础]显示的汽车计价器、商场的大屏幕广告、证券所的股票交易显示牌，真空荧光显示器件(vacuum fluorescent display，VFD)显示的电子秤、家电、VCD，最新上市的平板等离子(plasma display panel，PDP)显示的大彩电，以及阴极射线管(cathode ray tube，CRT)显示的彩电。相对于其他显示器件，LCD 具有许多独到的优异特性，如：①低压、微功耗；②低压驱动；③平板型结构；④被动型显示；⑤显示信息量大；⑥易于彩色化；⑦长寿命；⑧无辐射无污染等特点。

本章包括了液晶器件制备和液晶器件电光效应测试两个典型的液晶显示技术物理实验。

实验 19 液晶器件制备

【引言】

液晶的发现可追溯到 19 世纪末，1888 年，奥地利植物学家莱尼茨尔(F.Reinitzer)首先观察到液晶。莱尼茨尔在做加热胆甾醇苯甲酸酯实验时发现，当加热使温度升高到一定程度后，结晶的固体开始溶解。但其融化后不是透明的液体，而是一种呈混浊态的黏稠液体。当再进一步升温后，才变成透明的液体。他把这种黏稠而混浊的液体放在偏光显微镜下观察，发现这种液体具有双折射性。双折射是固态晶体所具有的特殊性质。于是，人们认识到在一定温度范围内，这种介于液体与晶体之间的物质状态，既具有晶体所具有的各向异性造成的双折射性，又具有液体所特有的流动性，肯定与传统的固态晶体和液体不同。它应该是一种不同于固体(晶体)，又不同于液体(各向同性可流动的液态)和气体的特殊物质。当时的德国物理学家莱曼(D.Leimann)将其称为液晶。

由于历史条件所限，液晶在发现之初一直没有引起足够的重视。液晶的应用在 1961 年才出现了转折点。当时，美国无线电公司(radio corporation of America，RCA)的 G.H.Heimeier 发现了液晶的动态散射、相变等一系列电光效应，并研究出了一系列数字、字符显示器件，以及液晶钟表、驾驶台显示器等应用产品。1968 年，RCA 公司向世界公布了液晶这项发明。从 20 世纪 70 年代开始，日本公司将液晶与集成电路技术结合，制成了一系列的液晶显示器件，促进了日本微电子工业的发展，并且至今一直领导着世界液晶工业的发展方向，掌握着液晶工业最前端的技术。

相比于其他显示器件，液晶显示器件具有很多独特的优异特性，具有驱动电压低(一般为几伏)、功耗极小(工作电流仅几微安)、体积小、平板型结构(便于大批量、自动化生产)、显示信息量大、寿命长(几乎没有劣化)、环保无辐射、无污染等优点，因此，液晶显示器件在当今各种显示器件的竞争中有独领风骚之势。

【实验目的】

(1)了解工业液晶盒的制备过程及工艺。

(2)熟悉实验室制备液晶盒的工艺流程。

【实验原理】

1. 液晶的种类

液晶存在的领域相当广泛,目前已被发现或经人工合成的液晶有几千种,分为热致液晶和溶致液晶,在显示技术上溶致液晶不易应用,因此本书介绍热致液晶。

所谓热致液晶,就是因为"热",使其在一定温度范围内呈液晶态的物质,在不同的温度区域内分别呈现固态、液晶态和液态三种状态。液晶显示器使用的液晶材料都是热致液晶,因此,液晶显示器件必须存储和工作在一定的温度范围内。一旦超出这个温度范围,器件中的液晶材料便会失去液晶状态,致使器件不能工作甚至损坏。

对液晶在光电子方面的应用而言,液晶是怎么来的以及化学组成如何并不是我们关心的主要问题,它的分子排列的宏观对称性以及具有该种对称性的液晶的物理性质才是要关心的主要问题。按照液晶分子排列的对称性状态的不同,热致液晶可以分为向列(twisted nematic,TN)型液晶(又称丝状液晶)、近晶型液晶(层状液晶)和胆甾型液晶(螺旋状液晶)。

1)向列型液晶

向列型液晶是显示器件中应用最多的,其分子呈棒状,如图 19-1 所示,从宏观上观察,长程指向有序,分子之间趋于平行,这使其具有典型的单轴晶体光学特性,电学上具有明显的介电各向异性。众多分子中心排列无序,可以在三维范围内移动,因而可以像液体一样流动。

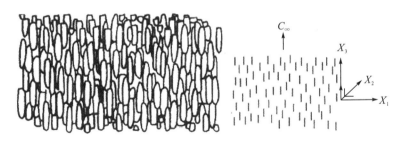

图 19-1　向列型液晶分子排列特点示意图

2)近晶型液晶

近晶型液晶分子也是棒状的,其分子排列如图 19-2 所示,分子以层状排列,每层分子长轴方向一致。分子空间的位置是一维有序性,近晶型液晶黏度较向列型液晶黏度大。近晶型液晶层内或层间分子排布的不同会形成一些亚相,按照时间的先后一般用 A、B、C、D 表示,目前已排至 Q 相。

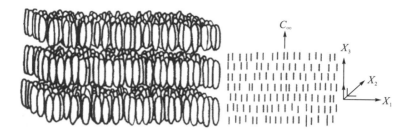

图 19-2　近晶型液晶分子排列特点示意图

3) 胆甾型液晶

如图 19-3 所示，胆甾型液晶的特点有：在某一平面内分子长轴指向是一致的，另一平面指向另一个方向，在垂直平面方向上，每层分子都会旋转一个角度，分子的指向矢在空间呈一螺旋。当旋转 360°时，我们称这段距离为一个螺距。随着外界温度、电场的变化，螺距会发生改变，在适当温度下，螺距会接近某一光谱波长，因而会引起布拉格散射光，呈现某一种颜色。

近年来，人们发现，胆甾型液晶独特的光学性质，如旋光性、选择光散射性、圆偏光二色性等在显示技术上具有特殊意义。

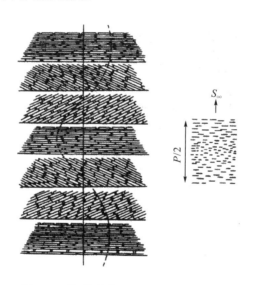

图 19-3　胆甾型液晶分子排列特点示意图

2. 液晶显示器的基本结构

液晶显示器件由于类型、用途不同，其结构不可能完全相同。但是，它们的基本形态和结构是大同小异的。其基本结构如图 19-4 所示。

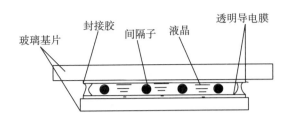

图 19-4　液晶显示器件的结构示意图

液晶盒是由两片相距 5～9 μm 的玻璃基板(一般是钠钙玻璃)组成。在这些玻璃基板的内表面上有一层氧化铟锡(indium tin oxide，ITO)或氧化铟(In_2O_3)透明电极，在两块基板之间填充正或负介电常数的向列相液晶材料(或其他如胆甾相、近晶相等各种液晶材料)，通过对电极表面进行适当处理，使液晶分子的取向呈一定状态。

液晶盒的此种结构要求两玻璃基板之间具有均匀的间隙。这由间隔子来保证，间隔子的形状为球形，采用惰性的有机材料(比如多官能团烯烃类化合物)，它不会与液晶起化学反应或被液晶溶胀。同时，为了防止潮气和氧气与液晶发生作用，玻璃板四周应进行气密封接。密封材料可以用环氧树脂之类的有机材料，一般为硅基环氧树脂，遇到空气中的微量水分即释放出使环氧树脂聚合的催化剂，很快固化。也可用低熔点玻璃粉之类的无机密封材料，这就是丝网印刷油墨。为了使液晶盒厚保持在设计值，在印刷油墨中还需加入衬垫材料。

液晶显示器制造工艺中，取向是一个关键工艺。液晶盒内基片表面直接与液晶接触的一薄层材料被称为取向层，它的作用是使液晶分子按一定的方向和角度排列，这个取向层对于液晶显示器来说是必不可少的，而且直接影响显示性能的优劣。液晶显示器所用的取向材料及取向处理方法有多种，如摩擦法、斜蒸 SiO_2 方法等。摩擦法是沿一定的方向摩擦玻璃基片，或是摩擦涂覆在玻璃基片表面的无机物或有机物覆盖膜，以使液晶分子沿摩擦方向排列，这样可以获得较好的取向效果。

本实验使用摩擦机对基板表面进行摩擦处理，能更好地控制摩擦的强度和均匀性，从而达到更好的取向效果。而台式液晶盒光固机的使用大大缩短了实验的周期。

3. 液晶光开关构成图像显示矩阵的方法

除了液晶显示器以外，其他显示器靠自身发光来实现信息显示功能。这些显示器主要有以下一些：阴极射线管(CRT)显示器、平板等离子体(PDP)显示器、电致发光显示器(electroluminescent display，ELD)、发光二极管(LED)显示器、有机发光二极管(organic light emitting diode，OLED)显示器、真空荧光管显示器(VFD)、场发射显示(field emission display，FED)。这些显示器因为要发光，所以要消耗大量的能量。

液晶显示器通过对外界光线的开关控制来完成信息显示任务，为非主动发光型显示，其最大的优点在于能耗极低。正因为如此，液晶显示器在便携式装置的显示方面，例如电子表、万用表、手机、传呼机等具有不可代替地位。下面我们来看看如何利用液晶光开关来实现图形和图像显示。

矩阵显示方式是把图 19-5(a)所示的横条形状的透明电极做在一块玻璃片上，叫作行驱动电极，简称行电极，而把竖条形状的电极做在另一块玻璃片上，叫作列驱动电极，简称列电极。把这两块玻璃片面对面组合起来，把液晶灌注在这两片玻璃之间构成液晶盒。为了使画面简洁，通常将横条形状和竖条形状的 ITO 电极抽象为横线和竖线，分别代表扫描电极和信号电极，如图 19-5(b)所示。

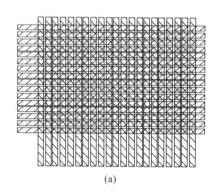
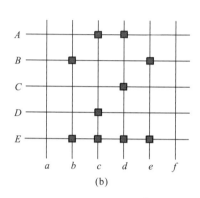

图 19-5　液晶光开关组成的矩阵式图形显示器

矩阵型显示器的工作方式为扫描方式。显示原理可依以下的简化说明作一介绍。欲显示图 19-5(b)的那些有方块的像素，首先在第 A 行加上高电平，其余行加上低电平，同时在列电极的对应电极 c、d 上加上低电平，于是 A 行的那些带有方块的像素就被显示出来了。然后第 B 行加上高电平，其余行加上低电平，同时在列电极的对应电极 b、e 上加上低电平，因而 B 行的那些带有方块的像素被显示出来了。然后是第 C 行、第 D 行 ……，以此类推，最后显示出一整场的图像。这种工作方式称为扫描方式。

这种分时间扫描每一行的方式是平板显示器共同的寻址方式，依这种方式，可以让每一个液晶光开关按照其上的电压的幅值让外界光关断或通过，从而显示出任意文字、图形和图像。

【实验仪器与装置】

实验采用 ZKY-LCDZBX 系列的液晶器件制备系统，该系统由液晶基片旋涂机、立式电热恒温箱、液晶配向摩擦机、台式液晶盒光固机、半自动点胶机、液晶驱动信号源、USB 透射式偏光显微镜、空气压缩机组成。

1. 液晶基片旋涂机

液晶基片旋涂机的作用是将 ITO 基片上的取向剂通过高速旋转，让取向剂在离心力的作用下均匀地覆盖在 ITO 面上。

　　如图 19-6 所示为基片旋涂机面板及内部结构图，各部分功能如下：

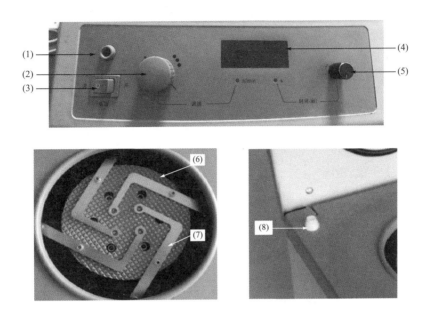

图 19-6　基片旋涂机面板及内部图

　　(1)电源指示灯：当电源开关打开后，此灯亮。

　　(2)转速调节旋钮：可调节旋涂机转台的转速。根据图示方向，顺时针旋转转速增加，逆时针旋转转速降低。

　　(3)电源开关。

　　(4)显示表头：此表头可显示两种状态，分别为预定转速时间和当前转台的转速(对应为表头下方的指示灯会亮起)。

　　(5)定时设置旋钮：可设置转台持续转动的时间。

　　(6)转台：承载 ITO 基片的平台，转速为"70～4000 r/min"。

　　(7)压臂：在转台转动过程中，压臂可由离心力的作用，自动将 ITO 基片压紧在转台上，共 4 个。

　　(8)联动开关：当上盖打开时，转台不会转动，只有当上盖合上，此开关处于闭合状态，这时仪器才能正常工作。此开关的设置就是为了防止未合上上盖就转动转台而出现意外。

　　2. 立式电热恒温箱

　　立式电热恒温箱是将 ITO 基片上涂好的 PI 膜进行高温烘烤，使得 PI 更好的固化，达到可摩擦取向的条件。恒温箱设置有三路独立的加热与控制平台，每一个控制表头对应一个加热台。每块加热台都可以从室温到 300℃ 任意调节，相互之间不会干涉。

3. 液晶配向摩擦机

液晶配向摩擦机(图 19-7)的作用是将已经固化好 PI 膜的 ITO 基片进行摩擦取向。

(1)负压气量调节阀：根据面板图示的调节方向，可以增大和减小负压气量的大小，以改变吸附 ITO 基片的力量。通常将负压气量调节到最大。

(2)滑台气量调节阀：调节推动滑台滑动气量的大小，可改变滑台前后滑动的快慢。

(3)滑台压力调节阀：根据压力阀上端标识的方向转动，可改变换台供气的气压，以配合滑台调节阀来调整滑台前后滑动的快慢。在需要调节滑台压力的时候，需将该压力调节阀的上盖拔出一定距离后，才可以旋转阀门来调节压力大小。调节后压力的大小可以通过滑台压力表(11)显示出来。

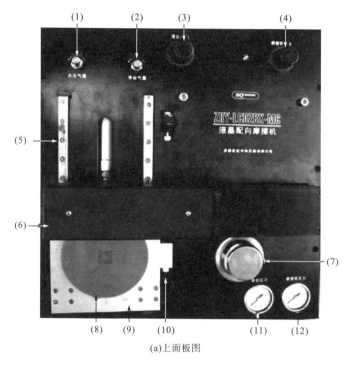

(a)上面板图

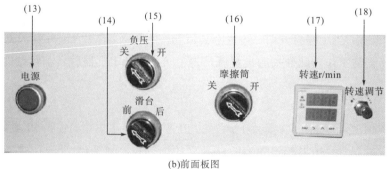

(b)前面板图

图 19-7　液晶配向摩擦机

(4)摩擦筒压力调节阀：功能同滑台压力调节阀，此阀门是调节摩擦筒气压大小的。压力大小可以通过摩擦筒压力表(12)显示出来。

(5)滑轨：承载滑台滑动的导轨。

(6)摩擦筒：给基片上 PI 膜取向的主要部件，其表面贴有摩擦布。此摩擦布不可用手触摸。

(7)升降柄：改变摩擦筒与 ITO 基片 PI 膜之间的距离，以达到所需的摩擦深度。升降柄每旋转一周，可升高(或降低)摩擦筒 1 mm 的高度。

(8)孔板：承载 ITO 基片的平台。当基片置于孔板中央，且完全遮住孔板中的小孔时，打开负压开关，基片就将被牢牢地吸附在孔板上，以方便摩擦。

(9)滑台：滑动基座，在气压的推动下可以在滑轨上轻松滑动。滑台上有 0~90° 的刻度，配合孔板上的刻线，可以调整孔板上 ITO 基片摩擦的方向。

(10)阻尼器：固定在面板上，不可以调节。其功能是在滑台前后滑动到底时，减小滑台的冲击力。

(11)滑台压力表：显示当前滑台气压的压力数值。

(12)摩擦筒压力表：显示当前摩擦筒压力的压力数值。

(13)电源开关：电路的总开关。

(14)滑台换向开关：控制滑台前后滑动的开关，当开关上箭头指向"前"时，表示滑台到达的位置处于靠近前面位置；当开关箭头指向"后"时，表示滑台最后到达的位置处于靠近后面的位置。

(15)负压开关：打开和关闭负压的开关。

(16)摩擦筒开关：打开和关闭摩擦筒转动的开关。

(17)转速显示表：显示摩擦筒在转动过程中的实时转速，单位为"r/min"。

(18)转速调节阀：改变通过摩擦筒的气量，可调节摩擦筒的转动速度。

4. 台式液晶盒光固机

台式液晶盒光固机是将涂抹到液晶盒边沿的 UV 光固胶用紫光固化，达到快速密封液晶盒的目的。仪器设置有上下两排紫光灯，可以通过开关选择来调节曝光固化的光强。

5. 半自动点胶机

将 UV 光固胶通过针筒滴到两片基片边框上，通过紫光光固，达到封盒目的。其工作方式有自动和手动两种，在学生实验和探究过程中，通常以手动方式点胶。

6. 液晶驱动信号源

给制作好的液晶盒提供驱动电压，以便观察液晶在加电与不加电时的区别，以及电压高低不同对液晶的影响。

信号源可以输出频率为 1 kHz，幅度 0～30 V 连续可调的方波，能够为本套仪器制作出的各种液晶提供驱动信号源。

7. USB 透射式偏光显微镜

USB 透射式偏光显微镜由两部分组成，分别为透射式偏光显微镜和 USB 电子目镜。透射式偏光显微镜可以给制作的液晶盒提供所需的偏振光，这样可以在显微镜下观察液晶基本特性。USB 电子目镜可以直接连接到计算机，不需安装任何驱动，可以将显微镜下观察到的图像显示在计算机屏幕上。

8. 空气压缩机

空气压缩机为配向摩擦机和自动点胶机提供高压气。当开关旋钮方向和进气方向平行时，开关处于开通状态；当开关旋钮方向和进气方向垂直时，开关处于关闭状态。

【实验内容及操作】

1. 制备 TN(扭曲向列型)模式的液晶盒一个

液晶器件制备测试系统主要可实现小型 TN 型液晶盒的制作，并对制作的液晶进行观察和测试。

TN 型液晶盒的基本制作流程如图 19-8 所示。

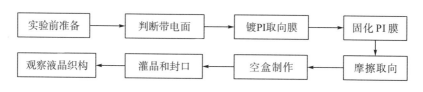

图 19-8　液晶盒制作的基本流程

1) 镀 PI 取向膜

(1) 将确定好 ITO 面的玻璃基片置于恒温干燥箱内预烘 10 min，温度在 50℃左右。

(2) 将恢复到室温的取向剂用滴定管取出少许加入取向剂盛装瓶中(液面高度小于 1 mm)，用真空吸笔吸住预烘好的玻璃基片的非 ITO 面，将 ITO 面朝下置于取向剂中，注意不要让非 ITO 面沾上取向剂。

(3) 将沾上取向剂的玻璃基片 ITO 面朝上(此时需要用玻片夹配合真空吸笔使用)放置于液晶基片旋涂机旋转台中央，调节固定装置将基片固定。

(4) 盖上旋涂机上盖，打开旋涂机电源开关，调节旋涂机的工作时间和转数，开始工作。

(5) 当旋转停止后(观察转速显示为 0 时)，打开旋涂机上盖，用玻片夹取出已镀有 PI

膜的玻璃基片，置于洁净的干燥箱加热台上，镀膜一面朝上，注意不要污染。继续下一片基片的 PI 涂覆，步骤同上。

(6) 待所有基片均镀好 PI 膜后，开始固化。

2) 固化 PI 膜

(1) 检查已镀有 PI 膜的基片安放位置是否合适（应将基片面全部置于同一块加热台上，不可太靠近边沿）。

(2) 打开干燥箱电源开关，将对应加热台的控制表头加热温度设置为 80℃ 进行预热，预热时间约为 30 min。

(3) 预热结束后，将温度调至 200℃ 进行固化，固化时间约为两小时。

(4) 固化结束后，关闭对应加热台的加热开关，将烤箱门打开，待加热台温度冷却至接近室温时将基片取出，置于洁净的培养皿中，固化 PI 膜完成。

3) 摩擦取向

(1) 打开空气压缩机开关，让空压机开始打气加压。

(2) 检查液晶配向摩擦机的各个功能开关，要求置于关闭状态，滑台开关置于"前"，转速调节旋钮顺时针旋转到底。

(3) 通过升降柄调整摩擦筒与待摩擦基片之间的压距。

(4) 调整好摩擦筒与基片之间的压距后，将滑台移动到前。打开气路和电路开关，观察滑台气压表和摩擦筒气压表指针读数。正常工作状态必须是滑台气压大于 2 kg，摩擦筒气压大于 4 kg（启动时需大于 6 kg）。

(5) 用玻片夹将培养皿中已经固化了 PI 膜的玻璃基片 PI 膜朝上正直地放置在孔板正中央（要求基片完全遮住孔板上的小孔）。

(6) 打开负压开关，让负压吸住孔板和玻璃基片。

(7) 打开摩擦筒开关，调节转速旋钮，使摩擦筒的转速为 2000～2500 r/min。然后将"滑台开关"从"前"扳到"后"，完成 PI 膜的摩擦取向。此时，必须先关闭摩擦筒开关，然后关闭负压开关，再用玻片夹将已取向的基片取出，放置到培养皿中，并对此基片的摩擦方向做好标识。最后将滑台从"后"扳到"前"。

(8) 重复(5)～(7)步，对下一片基片进行摩擦取向。将所有完成摩擦取向并做好取向标识的基片放好，备用。

4) 空盒制作

(1) 喷洒间隔子：

①将基片 ITO 面朝上平放于"台式液晶盒光固机"玻璃操作台上制定的位置。

②用毛细玻璃管吸囊蘸取极少量间隔子，然后在基片上方轻轻抖动毛细玻璃管，让间隔子尽量均匀散落在基片表面。

③若基片表面有明显的间隔子集中现象，可用毛细管吸囊轻轻地吹散集中的间隔子（不可用嘴吹），直至用肉眼在基片表面看不到聚集的白色颗粒为止。

(2)封液晶盒:

①将另一片摩擦好的玻璃基片 ITO 一面朝向洒好间隔子的面,按照实验要求确定两块基片摩擦方向的相对位置。通过操作台上的定位装置,确定两块基片的相对位置,然后用定位装置上的压片小心地压住两块基片。

②打开半自动点胶机的开关,将点胶状态调节到手动状态,调节气压表压力指示到 2 kg。

③取出点胶筒,取下点胶筒上的针盖,踩动脚动开关,在图 19-9 所示的位置点上适量的 UV 光固胶。然后将光固机的上盖合上,打开光固机电源,调节曝光时间为 60 s。

④将曝光灯开关旋转到"上、下灯"位置,按一下"曝光启动"键,开始将 UV 光固胶固化。

⑤当固化结束后,翻转液晶盒,在另外一边也涂上 UV 光固胶,重复 60 s 曝光固化。

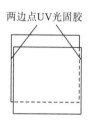

图 19-9　液晶盒两边封口示意图

5)灌晶和封口

(1)将液晶盒开口的两端其中一端垫起 1~2 mm 高,然后从较低的一端滴加液晶。可用毛细玻璃管蘸取适量的液晶滴在较低端。让液晶自然充满整个液晶盒。

(2)用封框胶(UV 光固胶)封严另外两个开口(点胶前,必须将多余的液晶擦掉,否则将不能封盒),放在紫外曝光台上曝光,固化封框胶。

2. 观察液晶盒的织构

将制作好的液晶盒置于 USB 透射式显微镜的观察台上,用观察台上的压片压住液晶盒观测内部织构。用导电夹子分别夹住液晶盒的两级,并将液晶驱动信号连接到导电夹上,逐渐增加液晶驱动信号的电压,观察液晶内部的变化情况。对比给液晶盒加电和不加电情况下,液晶盒的变化情况。

显微镜上的电子目镜可连接到计算机,通过视频窗口,可以将显微镜上观察到的图像显示在计算机屏幕上。

如图 19-10(a)所示,由于上下玻璃片没有经过取向处理,所以液晶分子的取向不是全部朝着一个方向,而是在一个很小区域的液晶指向矢朝某一方向,另一小区域的液晶指向矢朝着另一个方向,形成所谓的畴。在偏光显微镜下,这些畴因光轴方向的不同而使偏振光干涉颜色不同,看起来就是花纹或图案。呈现丝状的原因在于向列相液晶分子长程有序,局部地区的分子趋于沿同一方向排列，两个不同取向区的交界处，在偏光显微镜下显示为丝状条纹。同时，在相互正交的偏光显微镜中，没有摩擦取向的液晶大部分面积为不透光（黑场），只有少部分区域内的液晶排列具有光导作用而透光。在给液晶两端加上驱动电压后，没有明显变化。

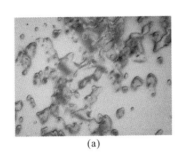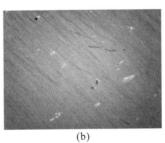

(a)　　　　　　　　　　　　　　　　　　(b)

图 19-10　向列液晶在无摩擦(a)和有摩擦(b)的两玻璃片之间的偏光显微照片

　　如图 19-10(b) 所示，将有摩擦取向的液晶盒中灌入液晶后，放置到偏光显微镜上观察，可以观察到以下现象：

　　(1) 原本偏光显微镜正交调节后视场为黑场，在放上正交摩擦的液晶盒后，视场变亮。这表明液晶具有光导作用。

　　(2) 调节显微镜的焦距，能够清楚地观察到液晶内部的结构，如间隔子、摩擦沟槽痕迹。如果制作工艺不好，还有可能看到灰尘、划痕、气泡等缺陷。

　　(3) 转动载物台，可以观察到视场中出现明暗变化，这表明不同方向的偏振光通过液晶的透过率不同。

　　(4) 给液晶盒两极加上驱动电压后，随着驱动电压的增加，视场会发生各种颜色的变化。这表明在电场的作用下液晶分子排列发生了变化，导致透过液晶的光线也不同，表征出来的现象就是颜色不同。

【注意事项】

　　(1) 保持玻璃基片清洁。

　　(2) 旋涂取向剂时不要打开盖子，旋涂机转速从慢到快，慢慢调节。

　　(3) 烤箱的额定功率为 3000 W，烤箱达到 200℃时禁止用手摸。

　　(4) 摩擦机启动后禁止触摸摩擦筒，使用摩擦机时女生应将长发挽起。

　　(5) 摩擦机的滑台移动时不要把手放置于滑台上。

　　(6) 实验完毕后关闭空压机。

　　(7) 液晶微毒，手上沾了液晶后立即用清水清洗。

【思考题】

1. 阐述液晶显示器件的优点及应用。
2. 阐述实验室制备液晶盒的工艺流程。
3. 液晶显示器件的基本构造是怎样的？

【参考文献】

成都世纪中科仪器有限公司.LCDZBX_TN 型液晶盒的制作流程及注意事项.

成都世纪中科仪器有限公司.LCDZBX_液晶器件制备测试系统实验指导说明书.

廖燕平，宋勇志，邵喜斌，2016. 薄膜晶体管液晶显示原理与设计[M]. 北京：电子工业出版社.

毛学军，2014. 液晶显示技术[M]. 北京：电子工业出版社.

张振文，2008. 液晶显示器与液晶电视机原理及维修[M]. 北京：国防工业出版社.

实验 20　液晶器件电光效应测试

【引言】

液晶是介于液体与晶体之间的一种物质状态。一般的液体内部分子排列是无序的，而液晶既具有液体的流动性，其分子又按一定规律有序排列，使它呈现晶体的各向异性。液晶所具有的各向异性等性能使液晶材料具有丰富的电光效应。比如，当光通过液晶时，会产生偏振面旋转、双折射等效应。液晶分子是含有极性基团的极性分子，在电场作用下，偶极子会按电场方向取向，导致分子原有的排列方式发生变化，从而液晶的光学性质也随之发生改变，这种因外电场引起的液晶光学性质的改变称为液晶的电光效应。利用这些电光效应制成的液晶显示器件从功能、结构、工作模式和显示模式上更完善。

【实验目的】

(1) 了解液晶的电光效应、介电各向异性及折射率各向异性。

(2) 掌握 TN 型液晶显示器件的结构构造和工作原理。

(3) 了解 TN 型液晶显示器件的电光特性的描述并进行测试分析。

【实验原理】

1. 什么是电光效应

所谓电光效应实际上就是在电的作用下，使液晶分子的初始排列改变，从而使液晶盒的光学性质发生变化。即用"电"通过液晶对"光"进行调制。目前发现的电光效应包括电场效应、电流效应、电热写入效应等。

液晶显示器件从结构上来说属于平板显示器件，其基本结构呈平板型。所有液晶显示器件都可以看作由两片光刻有透明导电电极的基板，中间夹有液晶层，封接成一个扁平盒（结构图参见实验 19 图 19-4）。如果需要偏振片，则将偏振片贴在导电玻璃的外表面。

向列型液晶为光电子技术和显示上最为广泛应用的液晶，下面对向列(TN)型液晶的介电各向异性和光学折射率各向异性做一介绍。

2. 介电各向异性

介电常数反映了在电场作用下介质极化的程度。介电各向异性是液晶显示器件电光效应原理的基础。

如果选择 z 轴与向列型液晶的指向矢平行，其介电张量的矩阵为

$$\hat{\varepsilon} = \begin{bmatrix} \varepsilon_{\perp} & 0 & 0 \\ 0 & \varepsilon_{\perp} & 0 \\ 0 & 0 & \varepsilon_{//} \end{bmatrix}$$

用 $\Delta\varepsilon = \varepsilon_{//} - \varepsilon_{\perp}$ 定义液晶材料介电各向异性的大小。液晶对外电场的响应取决于它的大小和符号。当 $\Delta\varepsilon$ 大于零时，称为正介电各向异性，液晶的指向与外电场平行，表示该系统能量为最低状态，外电场将驱动液晶分子与外电场平行；相反，如果小于零，称为负介电各向异性，外电场会驱动液晶分子与外电场垂直。

3. 光学折射率各向异性

当一束自然光穿过各向异性晶体时会分成两束偏振光，两束折射光均为线偏振光，我们把这种现象称为双折射现象。其中一束光的折射行为遵循折射定律，称为寻常光(o 光)；另一条光线不遵循折射定律，入射角的正弦与折射角的正弦之比不是常数，且折射线往往不在入射平面内，称为非寻常光(e 光)。o 光与 e 光的振动方向互相垂直。

液晶的主要特征之一是像光学单轴晶体那样，由于折射率各向异性而显示双折射特性。在向列型液晶中，分子长轴的指向矢方向就是单轴晶体的光轴，主折射率 n_o 代表寻常光的折射率 $n_{\perp}$，主折射率 n_e 代表非寻常光的折射率 $n_{//}$。其中 $n_{//}$ 表示平行于液晶分子长轴方向的折射率，$n_{\perp}$ 表示垂直于分子长轴方向的折射率，$\Delta n = n_{//} - n_{\perp}$ 表示光学折射率各向异性。$\Delta n > 0$ 表示该晶体为单轴正晶体，$\Delta n < 0$ 表示该晶体为单轴负晶体。

由于液晶呈单轴的光学各向异性，因此具有以下特别有用的光学特性：

(1)能使入射光的前进方向向液晶分子长轴方向偏转；

(2)能改变入射光的偏振状态(线偏振、圆偏振或椭圆偏振)或偏振的方向。

因此，Δn 与液晶的偏振、旋光、折射、干涉所引起的电光效应有直接的关系。

4. 扭曲向列型液晶显示器工作原理

常见的手表、数字仪表、电子钟及大部分计算机所用的液晶显示器件都是 TN 型(扭曲向列型)器件。下面仅以常用的 TN 型液晶显示器件为例，说明其工作原理。

TN 型光开关的结构如图 20-1 所示。在两块玻璃板之间夹有正性向列相液晶，液晶分子的形状如同火柴一样，为棍状。棍的长度在十几埃(1 Å ＝ 10^{-10} m)，直径为 4～6 Å，液晶层厚度一般为 5～8 μm。玻璃板的内表面涂有透明电极，电极的表面预先作了定向处理(可用软绒布朝一个方向摩擦，也可在电极表面涂取向剂)，这样，液晶分子在透明电极表面就会躺倒在摩擦所形成的微沟槽里；电极表面的液晶分子按一定方向排列，且上下电极上的定向方向相互垂直。上下电极之间的那些液晶分子因范德瓦耳斯力的作用，趋向于平行排列。然而由于上下电极上液晶的定向方向相互垂直，所以从俯视方向看，液晶分子的排列从上电极的沿-45°方向排列逐步地、均匀地扭曲到下电极的沿+45°方向排列，整个

扭曲了 90°。如图 20-1(a) 所示。

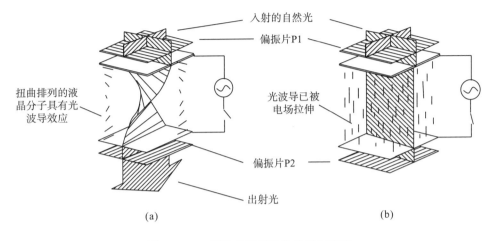

图 20-1　TN 型液晶显示器件的工作原理

　　理论和实验都证明，上述均匀扭曲排列起来的结构具有光波导的性质，即偏振光从上电极表面透过扭曲排列起来的液晶传播到下电极表面时，偏振方向会旋转 90°。

　　取两张偏振片贴在玻璃的两面，P1 的透光轴与上电极的定向方向相同，P2 的透光轴与下电极的定向方向相同，于是 P1 和 P2 的透光轴相互正交。

　　在未加驱动电压的情况下，来自光源的自然光经过偏振片 P1 后只剩下平行于透光轴的线偏振光，该线偏振光到达输出面时，其偏振面旋转了 90°。这时光的偏振面与 P2 的透光轴平行，因而有光通过。

　　在施加足够电压的情况下(一般为 1~2 V)，在静电场的作用下，除了基片附近的液晶分子被基片"锚定"以外，其他液晶分子趋于平行于电场方向排列。于是原来的扭曲结构被破坏，成了均匀结构，如图 20-1(b) 所示。从 P1 透射出来的偏振光的偏振方向在液晶中传播时不再旋转，保持原来的偏振方向到达下电极。这时光的偏振方向与 P2 正交，因而光被关断。

　　由于上述光开关在没有电场的情况下让光透过，加上电场的时候光被关断，因此叫作常通型光开关，又叫作常白模式。若 P1 和 P2 的透光轴相互平行，则构成常黑模式。

　　液晶可分为热致液晶与溶致液晶。热致液晶在一定的温度范围内呈现液晶的光学各向异性，溶致液晶是溶质溶于溶剂中形成的液晶。目前用于显示器件的都是热致液晶，它的特性随温度的改变而有一定变化。

　　5. 液晶光开关的电光特性

　　图 20-2 为光线垂直液晶面入射时扭曲向列型液晶相对透射率(以不加电场时的透射率为 100%)与外加电压的关系。

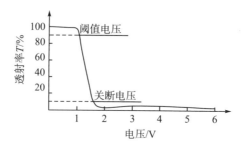

图 20-2　液晶光开关的电光特性曲线

由图 20-2 可见，对于常白模式的液晶，其透射率随外加电压的升高而逐渐降低，在一定电压下达到最低点，此后略有变化。可以根据此电光特性曲线图得出液晶的阈值电压(透过率为 90%时的驱动电压)和关断电压(透过率为 10%时的驱动电压)。

液晶的电光特性曲线越陡，即阈值电压与关断电压的差值越小，由液晶开关单元构成的显示器件允许的驱动路数就越多。TN 型液晶最多允许 16 路驱动，故常用于数码显示。在电脑、电视等需要高分辨率的显示器件中，常采用超扭曲向列(super twist nematic，STN)型液晶，以改善电光特性曲线的陡度，增加驱动路数。

6. 液晶光开关的时间响应特性

加上(或去掉)驱动电压能使液晶的开关状态发生改变，是因为液晶的分子排序发生了改变，这种重新排序需要一定时间，反映在时间响应曲线上，用上升时间 τ_r(透过率由 10%升到 90%所需时间)和下降时间 τ_d(透过率由 90%降到 10%所需时间)描述。给液晶开关加上一个如图 20-3(a)所示的周期性变化的电压，就可以得到液晶的时间响应曲线，如图 20-3(b)所示。

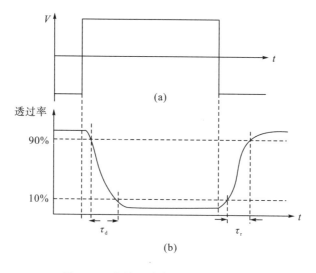

图 20-3　液晶驱动电压和时间响应图

液晶的响应时间越短，显示动态图像的效果越好，这是液晶显示器的重要指标。早期的液晶显示器在这方面逊色于其他显示器，现在通过结构方面的技术改进，已达到很好的显示效果。

7. 液晶光开关的视角特性

液晶光开关的视角特性表示对比度与视角的关系。对比度定义为光开关打开和关断时透射光强度之比，对比度大于 5 时，可以获得满意的图像，对比度小于 2，图像就模糊不清了。

图 20-4 表示了某种液晶视角特性的理论计算结果。在图 20-4 中，用与原点的距离表示垂直视角（入射光线方向与液晶屏法线方向的夹角）的大小。图中 3 个同心圆分别表示垂直视角为 30°、60° 和 90°。90° 同心圆外面标注的数字表示水平视角（入射光线在液晶屏上的投影与 0° 方向之间的夹角）的大小。图 20-4 中的闭合曲线为不同对比度时的等对比度曲线。

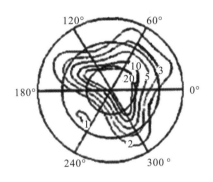

图 20-4 液晶的视角特性

由图 20-4 可以看出，液晶的对比度与垂直、水平视角都有关，而且具有非对称性。若我们把具有图 20-4 所示视角特性的液晶开关逆时针旋转，以 220° 方向向下，并由多个显示开关组成液晶显示屏，则该液晶显示屏的左右视角特性对称。在左、右和俯视 3 个方向，垂直视角接近 60° 时对比度为 5，观看效果较好。在仰视方向对比度随着垂直视角的加大迅速降低，观看效果差。

【实验仪器与装置】

1. 实验仪器

液晶电光效应综合实验仪、液晶光开关组成的矩阵式图形显示器。

2. 液晶电光效应实验装置

图20-5,表示液晶电光效应综合实验仪功能键示意图,下面就各个功能键做一简单介绍。

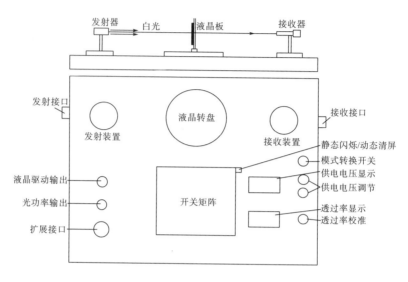

图20-5 液晶电光效应综合实验仪功能键示意图

模式转换开关:切换液晶的静态和动态(图像显示)两种工作模式。在静态时,所有的液晶单元所加电压相同,在(动态)图像显示时,每个单元所加的电压由开关矩阵控制。同时,当开关处于静态时打开发射器,当开关处于动态时关闭发射器。

静态闪烁/动态清屏切换开关:当仪器工作在静态的时候,此开关可以切换到闪烁和静止两种方式;当仪器工作在动态的时候,此开关可以清除液晶屏幕因按动开关矩阵而产生的斑点。

供电电压显示:显示加在液晶板上的电压,范围为0~7.60 V。

供电电压调节按键:改变加在液晶板上的电压,调节范围为0~7.60 V。其中单击"+"按键(或"-"按键)可以增大(或减小)0.01 V。一直按住"+"按键(或"-"按键)2 s以上可以快速增大(或减小)供电电压,但当电压大于或小于一定范围时需要单击按键才可以改变电压。

透过率显示:显示光透过液晶板后光强的相对百分比。

透过率校准按键:在接收器处于最大接收状态的时候(即供电电压为0 V时),如果显示值大于"250",则按住该键3 s可以将透过率校准为100%;如果供电电压不为0,或显示小于"250",则该按键无效,不能校准透过率。

液晶驱动输出:接存储示波器,显示液晶的驱动电压。

光功率输出:接存储示波器,显示液晶的时间响应曲线,可以根据此曲线来得到液晶响应时间的上升时间和下降时间。

扩展接口：连接 LCDEO 信号适配器的接口，通过信号适配器可以使用普通示波器观测液晶光开关特性的响应时间曲线。

发射器：为仪器提供较强的光源。

液晶板：本实验仪器的测量样品。

接收器：将透过液晶板的光强信号转换为电压输入到透过率显示表。

开关矩阵：此为 16×16 的按键矩阵，用于液晶的显示功能实验。

液晶转盘：承载液晶板一起转动，用于液晶的视角特性实验。

电源开关：仪器的总电源开关。

【实验内容及操作】

将液晶夹具金手指插入转盘上的插槽，液晶夹具金手指板有"世纪中科"标志的一面必须正对光源发射方向。打开电源开关，点亮光源，使光源预热 10 min 左右。

在正式进行实验前，首先需要检查仪器的初始状态，看发射器光线是否垂直入射到接收器；在静态 0 V 供电电压条件下，透过率显示经校准后是否为"100%"。如果显示正确，则可以开始实验。

1. 液晶的电光特性实验，测量液晶的阈值电压和关断电压

将模式转换开关置于静态模式，将透过率显示校准为 100%，根据实际液晶片性能改变供电电压，使得电压在 0～20 V 变化，记录相应电压下的透射率。数值记录于表 20-1 中，重复 3 次。并计算相应电压下透射率的平均值，依据实验数据绘制电光特性曲线，可以得出阈值电压和关断电压。

2. 液晶的时间特性实验，测量液晶的上升时间和下降时间

将模式转换开关置于静态模式，透过率显示调到 100%，然后将液晶供电电压调到 10 V，在液晶静态闪烁状态下，用存储示波器观察此光开关时间响应特性曲线，可以根据此曲线得到液晶的上升时间 τ_r 和下降时间 τ_d。

3. 液晶的视角特性测量

1）水平方向视角特性的测量

将模式转换开关置于静态模式。首先将透过率显示调到 100%，然后再进行实验。

确定当前液晶夹具中液晶片处于 0°，在供电电压为 0 V 时，按照表 20-2 所列举的角度调节液晶屏与入射光的角度，在每一角度下测量光强透过率最大值 T_{max}。然后将供电电压设置为 10 V，再次调节液晶屏角度，测量光强透过率最小值 T_{min}，并计算其对比度。以角度为横坐标，对比度为纵坐标，绘制水平方向对比度随入射光的入射角而变化的曲线。

2) 垂直方向视角特性的测量

将液晶夹具旋转 90°, 按照与 1) 相同的方法和步骤, 可测量垂直方向的视角特性, 并记录入表 20-2 中。

【实验数据记录及处理】

表 20-1　液晶光开关电光特性测量

电压/V		0											20
透射率/%	1												
	2												
	3												
	平均												

表 20-2　液晶光开关视角特性测量

角度/(°)		-45	-40	...	-10	-5	0	5	10	...	40	45
水平方向视角特性	T_{max}/%											
	T_{min}/%											
	T_{max}/T_{min}											
垂直方向视角特性	T_{max}/%											
	T_{min}/%											
	T_{max}/T_{min}											

【注意事项】

(1) 禁止用光束照射他人眼睛或直视光束本身, 以防伤害眼睛。

(2) 液晶夹具旋转时不要损坏连线。

(3) 液晶夹具金手指板有"世纪中科"标志的一面必须正对光源发射方向, 否则实验记录的数据为错误数据。

(4) 在调节透过率 100% 时, 如果透过率显示不稳定, 则可能是光源预热时间不够, 或光路没有对准, 需要仔细检查, 调节好光路。

(5) 在校准透过率 100% 前, 必须将液晶供电电压显示调到 0 或显示大于"250", 否则无法校准透过率为 100%。在实验中, 电压为 0 时, 不要长时间按住"透过率校准"按钮, 否则透过率显示将进入非工作状态, 本组测试的数据为错误数据, 需要重新进行本组实验数据记录。

【思考题】

1. 什么是电光效应？
2. TN 型液晶显示器件的结构构造和工作原理是怎样的？
3. TN 型液晶显示器件的电光特性是如何描述的？

【参考文献】

成都世纪中科仪器有限公司.ZKY-LCDEO-2 液晶电光效应综合实验仪实验指导及操作说明书.

廖燕平，宋勇志，邵喜斌，2016. 薄膜晶体管液晶显示原理与设计[M]. 北京：电子工业出版社.

毛学军，2014. 液晶显示技术[M]. 北京：电子工业出版社.

张振文，2008. 液晶显示器与液晶电视机原理及维修[M]. 北京：国防工业出版社.

第七章　先进材料计算实验设计

随着科技的发展，计算机性能得到了飞速的提高，利用计算机模拟对材料进行实验设计已经成为现代科学研究的热点。计算材料设计可应用已知理论与信息，设计具有预期性能的材料，并提出其制备合成方案；也可借助计算机技术，对材料进行计算模拟、理论分析，了解其复杂的微观物理机制并对其进行特性分析。对一些材料其研究和制备过程较复杂，当前实验水平难以实施或达到的情况，计算机实验模拟可以部分或全部替代耗资又费时的复杂实验过程，节省人力、物力和财力。随着现代理论与计算机技术的进步，材料设计、材料的计算机分析与模型化日益受到重视。计算材料实验设计的开展使人们对物理理论的认识也更加深入，是现代材料计算设计的主要手段。

材料计算机实验设计主要是利用计算机模拟的方法，从材料的理论模型出发，根据所需材料的物理性质，通过计算机软件设计出符合要求的材料结构，如组分、原子排列、自旋取向、物相定性、定量分析等。然后通过计算机模拟得到材料的相关物理特性，如力学性能、热性能、电磁性能和光学性能等。一般来说，材料设计实验可按研究对象的空间尺度不同划分为三个层次：①微观设计层次，空间尺度约在 1 nm 量级，是原子电子层次的设计，使用的方法主要是第一性原理计算；②介观模型层次，典型尺度约在 1 μm 量级，是组织结构层次的设计，不考虑其中单个电子、原子、分子的行为，常用的方法主要包括传统的有限差分法、有限元法和边界元法；③工程设计层次，尺度对应于宏观材料，涉及大块材料的加工和使用性能的设计研究。为了深入了解材料的微观本质，现代材料科学研究必须深入到微观原子、分子以及电子层次，以及综合考虑各个层次的多尺度材料设计。其中，以原子分子为起始物进行材料合成并在微观尺度上控制其结构，是现代先进合成技术的重要发展方向。

目前，材料计算机实验设计常用的方法主要有分子动力学方法、蒙特卡罗方法、有限元分析或第一性原理从头算法等。然而在众多的模拟方法中，第一性原理计算凭借其独特的精度和无须经验参数的优势而受到众多研究人员的青睐，成为计算材料学的重要基础和核心计算方法。

实验 21 计算物理实验(第一性原理计算)

第一性原理计算(first principles calculation)简称从头计算(ab initio calculation),是基于密度泛函理论(density functional theory,DFT)框架建立起来的从头计算法的称谓,或是基于 Hartree-Fock 自洽场的从头计算法的称谓,用来研究分子和凝聚态的性质,是凝聚态物理和计算化学领域最常用的方法之一。其基本思想是将多原子构成的实际体系理解为只有电子和原子核组成的多粒子系统,运用量子力学等最基本的物理原理最大程度的对问题进行"非经验"处理,通过自洽计算来确定材料的结构和相关物理性质。因而,第一性原理有着半经验方法不可比拟的优势,在计算材料中占据重要地位,是沟通材料研究的理论与实验、微观与宏观的桥梁,不仅可以揭示材料中各种现象的细节和本质,节约实验成本并指导实验来设计新型材料和器件(纳米材料、稀磁半导体材料、高介电常数材料等),而且还可以模拟一些在极端条件(如原子尺度调控、极端高压高强等)下实验所无法实现或难以进行观测的材料行为。因而成为物理学、化学、材料科学、生命科学等研究中不可或缺的手段。目前,随着实验科学对自然界探索的深入,越来越多的复杂体系被发现,而随着计算机运算能力的提高和新的计算技术的开发,应用不断发展和完善的第一性原理理论对越来越复杂的材料体系进行计算也将成为可能,这对于材料设计和制造具有重要的意义。

【实验目的】

(1)了解第一性原理计算的基本理论并熟悉计算软件 CASTEP 的基本操作。

(2)利用第一性原理计算一些典型材料的基本性质并与实验结果进行对比。

(3)掌握材料性质的基本计算和分析方法。

【实验原理】

第一性原理计算是基于密度泛函理论框架,运用量子力学原理,从最根本的 Schrodinger 方程出发,计算体系的各种物理化学性质,并基于三个基本近似把问题简化:

(1)利用 Born-Oppenheimer 绝热近似把包含原子核和电子的多粒子问题转化为多电子问题。

(2)利用密度泛函理论的单电子近似把多电子薛定谔方程简化为比较容易求解的单电子方程。

(3)利用自洽迭代法求解单电子方程得到系统基态和其他性质。

从物理学的角度来看,固体是一个多体的量子力学体系,相应的体系哈密顿量可以写

成如下形式:

$$H\psi(r, R) = E\psi(r, R) \tag{21-1}$$

在不计外电场作用下,体系的哈密顿量包括体系中所有粒子(原子核和电子)的动能和粒子之间的相互作用能,即

$$H = \sum_i \frac{\hbar^2}{2m}\nabla^2_{r_i} + \frac{1}{2}\sum_{\substack{i,i'\\i\neq i'}} \frac{e^2}{|r_i - r_i'|} - \sum_j \frac{\hbar^2}{2m_j}\nabla^2_{R_j} + \frac{1}{2}\sum_{\substack{j,j'\\j\neq j'}} V_N(R_j - R_j) - \sum_{i,j} V_{e-N}(r_i - R_{j'}) \tag{21-2}$$

对于一个复杂的多粒子体系,要对其精确求解非常困难,因此利用 Born-Oppenheimer 绝热近似可以将相互作用的原子核和电子的问题简化为两个不同的问题:在静止的场中相互作用电子的运动问题和相互作用核的动力学问题。将多体问题的原子核坐标与电子坐标的近似变量分离,使求解整个体系的波函数的复杂过程分解为求解电子波函数和求解原子核波函数两个相对简单的过程。此时系统的哈密顿量简化为

$$H = -\sum_i \frac{\hbar^2}{2m}\nabla^2_{r_i} + \frac{1}{2}\sum_{\substack{i,i'\\i\neq i'}} \frac{e^2}{|r_i - r_{i'}|} - \sum_{i,j} V_{e-N}(r_i - R_j) \tag{21-3}$$

1964 年,Hohenberg 和 Kohn 提出了 Hohenberg-Kohn 定理。它的基本思想是:对于非简并体系的基态性质,其基态能量、波函数等仅仅是基态电子密度的泛函,可表示为 $E_0 = E_0(\rho_0)$。密度泛函理论试图通过分子体系基态电子密度来求解体系基态能量以及其他基态分子性质。

Hohenberg-Kohn 定理的基本内容:

定理一:任意相互作用粒子体系的外势($V_{\text{ext}}(r)$)由基态电子密度唯一确定,或者体系能量由电子密度唯一决定。

定理二:体系能量以电子密度 $\rho(r)$ 为普适泛函。对于任意给定外势,体系基态能量是电子密度泛函的全局极小,对应的电子密度则为该体系的基态电子密度。

因此,利用基本变量

$$\rho(r) = \int |\psi(r)|^2 dr \tag{21-4}$$

可以把系统的基态能量重新表示为电子密度的泛函:

$$E[\rho(r)] = \int V_{\text{ext}}(r)\rho(r)dr + T[\rho(r)] + \frac{1}{2}\iint \frac{\rho(r)\rho(r')}{|r-r'|}drdr' + E_{\text{xc}}[\rho(r)] \tag{21-5}$$

但 $\rho(r)$、$T[\rho(r)]$、$E_{\text{xc}}[\rho(r)]$ 仍难以确定。

为此,Kohn 和 Sham 引进了一个与相互作用多电子体系有相同电子密度的假想的非相互作用多电子体系。即用无相互作用的多粒子体系的动能泛函代替有相互作用的体系的动能,把其差别归入未知的交换关联项 $E_{xc}[\rho(r)]$,并用 N 个单粒子波函数构造体系电子密度函数:

$$\rho(r) = \sum_{i=1}^N |\varphi_i(r)|^2 \tag{21-6}$$

此方法成功地将多电子问题转化为简单的单电子方程理论，即 Kohn-Sham 方程也称单粒子方程，可表示为如下形式：

$$\left\{-\nabla^2 + V_{\text{KS}}\big[\rho(r)\big]\right\}\varphi_i(r) = E_i\varphi_i(r) \tag{21-7}$$

其中，

$$V_{\text{KS}}\big[\rho(r)\big] = V_{\text{ext}}(r) + \int\frac{\rho(r')}{|r-r'|}\mathrm{d}r' + \frac{\delta E_{\text{xc}}\big[\rho(r)\big]}{\delta\rho(r)} \tag{21-8}$$

至此 $\rho(r)$、$T\big[\rho(r)\big]$ 的形式已完全确定，而能量泛函中的 $E_{\text{xc}}\big[\rho(r)\big]$ 项则可假定电荷密度是缓变的，分成足够小的体积元后用均匀的无相互作用的电子气体代替［局域密度近似（local density approximation，LDA）］：

$$E_{\text{xc}}^{\text{LDA}} = \int\rho(r)\varepsilon_{xc}\rho(r)\mathrm{d}r \tag{21-9}$$

或者把电荷密度的梯度也考虑进来［广义梯度近似（general gradient approximation，GGA）］，以提高计算精度：

$$E_{\text{xc}}^{\text{GGA}} = \int\rho(r)\varepsilon_{\text{xc}}\big(\rho(r),\ \nabla\rho(r)\big)\mathrm{d}r \tag{21-10}$$

此时方程化为可求解的单粒子方程，可以采用适当的基组对其展开并用循环迭代的自治场（self consistent field，SCF）方法通过计算机进行求解。

以上即是第一性原所基于的密度泛函理论，基于这个理论的计算软件有很多种，常用的有 VASP、CPMD、CASTEP、Wien2k、Abinit、PWSCF 等。在实际研究中往往根据功能的不同而采用相应的计算软件，并根据计算量的大小选择普通 PC、工作站甚至高性能计算机群来完成计算任务。实验中采用的是比较易于操作的 CASTEP 程序，其计算量不大，可以在普通 PC 机上完成上机操作。

【实验内容】

(1)认真阅读帮助文件中的 CASTEP 和 CASTEP tutorial 部分，学习其基本理论和操作方法。

(2)建立金刚石结构的硅(Si)单胞，计算其平衡晶格常数，电子结构与实验数据进行对比，试分析其为半导体的原因。

(3)建立面心立方晶格(face centered cubic，FCC)结构的氯化钠(NaCl)单胞，计算其平衡晶格常数、电子结构，与实验数据进行对比，试分析其为绝缘体的原因。

(4)建立体心立方晶格(body centered cubic，BCC)结构的铁(Fe)单胞，采用自旋极化计算，得到其平衡晶格常数。电子结构建和磁矩与实验数据进行对比，试分析其为导体的原因。

【实验步骤】

1. 半导体的电子结构

(1) 通过 File Import 进入 structure/semiconductor，导入金刚石结构的 Si 单胞。

(2) 用 Build Symmetry-Primitive Cell 把 Si 单胞转化成 Si 原胞，利用对称性加快计算速度。

(3) 计算中 Functional 分别采用 GGA 和 LDA 近似，Task 选 Geometry Optimization，接着点击旁边的 More，选中 Optimize cell。选用不同的计算精度(fine、Ultrafine 等)进行比较计算，得到其平衡晶格常数，并与实验值对比。

(4) 以优化得到的稳定晶格构型为基础，选中 Task 中的 Energy，Properties 选 Band structure 和 Density of states。以 Ultrafine 精度进行计算，计算结束用 Analysis 分析能带结构、态密度和电荷密度分布。试解释它为什么是导体并观察典型金属的电荷分布。

2. 绝缘体的电子结构

(1) 通过 File Import 进入 structure/ceramics，导入 FCC 结构的 NaCl 单胞。

(2) 用 Build Symmetry-Primitive Cell 把 NaCl 单胞转化成 NaCl 原胞。利用对称性加快计算速度。

(3) 计算中 Functional 分别采用 GGA 和 LDA 近似，Task 选 Geometry Optimization，接着点击旁边的 More，选中 Optimize cell。选用不同的计算精度(fine、Ultrafine)进行比较计算，得到其平衡晶格常数，并与实验值对比。

(4) 以优化得到的稳定晶格构型为基础，选中 Task 中的 Energy，Properties 选 Band structure 和 Density of states。以 Ultrafine 精度进行计算，计算结束用 Analysis 分析能带结构、态密度和电荷密度分布。试解释它为什么是绝缘体并观察典型离子化合物的电荷分布。

3. 磁性导体的电子结构

(1) 通过 File Import 进入 structure/metal/pure-metals，导入 BCC 结构的 Fe 单胞。

(2) 用 Build Symmetry-Primitive Cell 把 Fe 单胞转化成 Fe 原胞，利用对称性加快计算速度。

(3) 计算中 Functional 分别采用 GGA 和 LDA 近似，Task 选 Geometry Optimization，接着点击旁边的 More，选中 Optimize cell。选用不同的计算精度(fine、Ultrafine)进行比较计算，得到其平衡晶格常数，并与实验值对比。

(4) 以优化得到的稳定晶格构型为基础，选中 Task 中的 Energy，Properties 选 Band structure 和 Density of states。以 Ultrafine 精度进行计算，计算结束用 Analysis 分析能带结构、态密度和电荷密度分布。试解释它为什么是导体并观察典型金属的电荷分布，观察它的磁矩并与实验值对比。

【思考题】

1. 影响计算精确度的主要因素有哪些?

2. CASTEP 第一性原理计算有哪些优点和不足?

【参考文献】

黄志高, 2012. 近代物理实验[M]. 北京: 科学出版社.

谢希德, 陆栋, 1998. 固体能带理论[M]. 上海: 复旦大学出版社.

Born M, Oppenheimer J R, 1927. Zur quantenthmtheonie der molkeln[J]. Annals of Physics, 84: 457.

Clark S J, Segall M D, Pickard C J, et al., 2005. First principles methods using CASTEP[J]. Zeitschrift für Kristallographie-Crystalline Materials, 220(5-6): 567.

Hautier G, Jain A, Ong S P, 2012. From the computer to the laboratory: materials discovery and design using first-principles calculations[J]. Journal of Materials Science, 47(21): 7317.

Kohn W, Sham L J, 1965. Self-consistent equations including exchange and correlation effects[J]. Physical Review, 140(4A): 1133-1138.

Parr R G, 1980. Density functional theory of atoms and molecules[J]. Horizons of Quantum Chemistry. Springer, Dordrecht.

Peng S, Cho K, 2003. Ab initio study of doped carbon nanotube sensors[J]. Nano Letters, 3(4): 513-517.

Perdew J P, Chevary J A, Vosko S H, et al., 1992. Atoms, molecules, solids, and surfaces: applications of the generalized gradient approximation for exchange and correlation[J]. Physical Review B, 46(1): 6671-6687.

Segall M D, Lindan P J D, Probert M J, et al., 2002. First-principles simulation: ideas, illustrations and the CASTEP code[J]. Journal of Physics: Condensed Matter, 14(11): 2717-2744.

实验 22　MATLAB 基础与数据处理实验

【引言】

近代物理实验涉及的知识范围广，内容深度和综合性与普通物理实验相比有所提高。实验原理所牵涉的知识点多，实验设计复杂，往往要对实验中测得的数据进行大量计算分析后才能得出正确的实验结果。在传统的实验数据处理中，常常用坐标纸将实验数据记录下来，绘制出实验曲线。通过对实验曲线的观察与分析，解算出关心的某物理量或数学公式。这种方法简单易行，容易上手，但在进行手工描点、作图、曲线拟合等操作时，由于人为因素的影响，这种数据处理具有一定的随意性，往往会带来误差，影响实验结果。此外，当实验数据比较多，需要对数据进行线性化处理、误差分析等操作时，如果采用人工处理，工作量极大，容易把时间花在画图与手工计算这样的烦琐工作上。而正确的做法是把更多的时间放在对物理现象的观察与分析上面，洞察实验数据，从而得出深刻的物理规律与内涵。

随着计算机科学与技术的快速发展，选择合适的计算机软件解决物理实验中的数据处理问题是一个较好的选择。MATLAB 是美国 MathWorks 公司出品的商业数学软件，它是用于算法开发、数据可视化、数据分析以及数值计算的高级技术计算语言和交互式环境，主要包括 MATLAB 和 Simulink 两大部分。该软件采用符合人类思考模式的脚本语言编程，简单易学，功能强大。它强大的数值计算、图形可视化、数据分析、交互式仿真等功能特别适合应用于大学物理实验的数据处理与分析。基于上述特点，本实验将学习实践 MATLAB 编程的最核心基础内容，应用 MATLAB 软件完成基础的实验数据分析与拟合操作。

【实验目的】

(1)学习 MATLAB 编程的基础知识，掌握 MATLAB 围绕矩阵展开的核心思想。结合以前所学高级编程语言与 MATLAB 软件特点，完成实验所需的编程操作。

(2)学习物理实验中涉及的 MATLAB 常用函数与工具，掌握函数的调用格式及参数设置方法，明确数据拟合工具的使用方法。

(3)通过 MATLAB 基础编程与实验数据处理实践，深刻理解实验原理部分中的阐述内容，能灵活运用 MATLAB 工具协助完成实验数据的分析与处理工作。

【实验原理】

1. MATLAB 软件基础知识

1) 基础数据单元

MATLAB 软件的名称取自于 Matrix 与 Laboratory 两个词的组合，因此它处理的最基础数据单元就是矩阵。它把参与运算的任何数据都当成矩阵进行处理，例如向量 $A=[a_1, a_2, \cdots, a_n]$ 被作为 1 行 n 列的矩阵进行处理，同样值为 0.2 的标量，也被看成 1 行 1 列的矩阵。

2) 矩阵的创建与描述

MATLAB 描述矩阵的规则清晰而简单，软件约定矩阵每行各元素之间用空格或者逗号隔开，行与行之间用分号隔开。例如，若要创建式(22-1)中的矩阵，并把该矩阵赋值给变量 A：

$$A = \begin{bmatrix} 1 & 2 & 3 \\ 4 & 5 & 6 \\ 7 & 8 & 9 \end{bmatrix} \tag{22-1}$$

根据 MATLAB 语句描述矩阵的规则，简单写为 $A=[1\ 2\ 3;\ 4\ 5\ 6;\ 7\ 8\ 9]$ 即可。有时候为了方便快速地创建一个向量，经常用到冒号表达式。冒号表达式的一般格式为 first：step：last，first 代表向量中的第 1 个元素，step 代表向量中相邻元素之差，last 代表向量中的最后一个元素。假设在实验中想要仿真一段时间，时间的起始点为 0，时间间隔为 T，仿真数据点数为 N，则可以用如下表达式快速生成需要的时间向量：

$$t=0：T：(N-1)*T$$

3) 子矩阵的处理

MATLAB 可以选择矩阵的某些特定元素构成一个子矩阵，软件对于子矩阵的处理非常灵活，功能也十分强大。假设已知矩阵 A，若想从矩阵 A 中选择某些元素构成一个新矩阵，可书写为 A(所选元素所在的行，所选元素所在的列)。为方便大家理解，下面举例进行说明。已知矩阵 A，想要从矩阵 A 中得到子矩阵 B：

$$A = \begin{bmatrix} 1 & -2 & 3 \\ 4 & 7 & 6 \\ -3 & 9 & 8 \end{bmatrix}, \qquad B = \begin{bmatrix} 4 & 6 \\ -3 & 8 \end{bmatrix}$$

子矩阵 B 的元素在矩阵 A 中位于第 2 行和第 3 行，所在的列为第 1 列和第 3 列，因此用 MATLAB 语句可写为 $B=A([2\ 3], [1\ 3])$。当然也可以对子矩阵赋值，例如想换掉 A 矩阵中的 4、6、-3、8 这几个元素，可以采用如下的子矩阵赋值办法，大家要注意的就是赋值语句两边的矩阵大小形状要保持一致。

$$A([2\ 3], [1\ 3])=[10\ 11;\ 12\ 16]$$

在 MATLAB 命令窗口敲击命令后，运算结果为

$$A = \begin{bmatrix} 1 & -2 & 3 \\ 10 & 7 & 11 \\ 12 & 9 & 16 \end{bmatrix}$$

4) 矩阵的数值计算

MATLAB 支持两种类型的矩阵计算，一类是线性代数定义的矩阵运算，也就是按照线性代数定义的运算规则对矩阵进行运算，MATLAB 软件采用表 22-1 中的表达式进行这种运算。

表 22-1　矩阵的数学运算

矩阵运算	MATLAB 表达式	矩阵运算	MATLAB 表达式
矩阵相加	A+B	矩阵右除	A/B (对应 A*B^{-1})
矩阵相减	A−B	矩阵左除	A\B (对应 A^{-1}*B)
矩阵相乘	A*B	矩阵求逆	inv(A) (对应 A^{-1})

MATLAB 还支持另一类矩阵运算，即两个矩阵对应元素之间的数学运算，简称逐元素运算。它主要支持两个矩阵对应元素进行相乘、相除、指数运算，这种运算需要在运算符前面加一个小点。设 $a(i,j)$ 是矩阵 $\boldsymbol{A}_{m\times n}$ 的第 i 行、第 j 列的任一元素，$b(i,j)$ 是矩阵 $\boldsymbol{B}_{m\times n}$ 的第 i 行、第 j 列的任一元素。MATLAB 软件采用表 22-2 中的表达式进行这种逐元素矩阵运算。

表 22-2　矩阵的逐元素运算

矩阵逐元素运算	MATLAB 表达式	运算规则
乘法运算	A.*B	a(i,j)*b(i,j)
右除运算	A./B	a(i,j)/b(i,j)
左除运算	A.\B	b(i,j)/a(i,j)
指数运算	A.^B	a(i,j)^b(i,j)

2. 物理实验涉及的 MATLAB 常用函数与工具

1) nlinfit 函数

nlinfit 函数使用最小二乘方法估计非线性回归函数的系数，其调用格式为

$$[beta,\ r,\ J] = nlinfit(x,\ y,\ modelfun,\ beta0)$$

式中，x、y 分别代表需要拟合实验数据的自变量与应变量；modelfun 为带有拟合参数的模型函数；beta0 为拟合参数的初始值。返回值"beta，r，J"分别代表拟合的参数、残差和雅可比矩阵。配合该函数的使用，利用 mse(r) 函数调用，可以计算拟合数据的均方误

差。采用 mae(r)函数调用，可以计算拟合数据的平均绝对误差。用这种方法进行拟合时，对函数的建模比较重要，不同的模型函数，效果略有不同。

2）polyfit、polyval、interp1 函数

polyfit 是多项式曲线拟合函数，其常见调用格式为 p=polyfit$(x，y，n)$。其中，x、y 分别代表需要拟合实验数据的自变量与应变量；n 为多项式的阶数。返回值 p 为 n 阶多项式 $p(x)$ 的系数，从最小二乘角度说，该多项式是对数据 y 的最佳拟合。p 中的系数按降幂排列，p 的长度为 $n+1$，即多项式为式(22-2)的形式。polyfit 函数很有用，例如在普朗克常数测定实验中，可以根据不同入射频率下的截止电压，进行直线拟合，根据直线斜率得到普朗克常数。

$$p(x) = p_1 x^n + p_2 x^{n-1} + ... + p_n x + p_{n+1} \tag{22-2}$$

polyval 是多项式计算函数，y=polyval$(p，x)$ 计算多项式 p 在 x 的每个点处的值。参数 p 是长度为 $n+1$ 的向量，其元素是 n 次多项式的系数(降幂排序)。在数据处理实验中，polyval 函数经常配合 polyfit 函数使用。例如使用实验数据 x 和 y，用 polyfit 函数拟合出多项式的系数 p 后，为了和实验数据进行对比，可以设定 x 和拟合系数 p，代入 polyval 函数求出拟合曲线的 y 值，再和实验数据进行对比分析。

interp1 是一维数据插值函数，该函数使用某种插值方法返回一维函数在特定查询点的插入值，其常见调用格式为 vq=interp1$(x，v，xq，$method$)$。其中，向量 x 包含样本点；v 包含对应值 $v(x)$；method 可以指定插值方法，默认为线性插值方法；返回向量 xq 包含查询点的坐标。该函数在实验中应用起来非常方便，例如在普朗克常数测定实验中，通常绘制出光电流随电压变化的曲线，然后寻求曲线与横轴的交点获取截止电压。利用 interp1 函数，可以对实验数据进行内插，设置 xq=0 即可得到截止电压。

3）plot 函数

实验数据的可视化操作是非常重要的，而 MATLAB 的优势就是对数据的图形显示。plot 函数可以非常方便地完成实验数据集 y 随实验数据集 x 变化的曲线绘制，该函数的调用格式为 plot$(x，y，$LineSpec$)$。其中，x 与 y 为实验数据集；LineSpec 为一字符串，用于指定绘制图形的线型、数据点的标记符号、颜色。例如函数语句调用 plot$(x，y，$'‐‐gs'$)$ 表示采用绿色虚线绘制图形，数据的标记符号为方形。在实验数据分析中，经常遇到把两条或多条曲线画在同一个图形窗口的情况，该需求可以采用如下两种方法实现，设 x 与 y，$x1$ 与 $y1$ 为两条曲线对应的数据向量。

方法 1：plot$(x，y，$LineSpec，$x1，y1，$LineSpec1$)$

方法 2：plot$(x，y，$LineSpec$)$；hold on；plot$(x1，y1，$LineSpec1$)$；hold off；

4）曲线拟合工具

上面重点讨论了分析处理实验数据的常用函数，MATLAB 软件还提供了一个基于图形化界面操作的曲线拟合工具，操作简单方便，功能强大。在 MATLAB 命令窗口提示符下，敲击 cftool 命令回车就可以打开图 22-1 所示的曲线拟合工具。

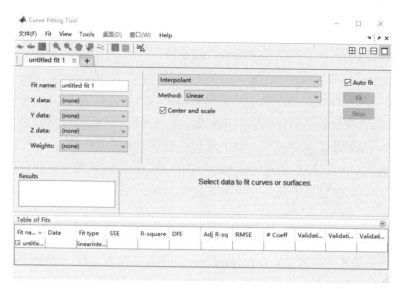

图 22-1　曲线拟合工具

设 x 与 y 是在保存在 MATLAB 工作空间中的实验数据，为了完成数据拟合操作，先在曲线拟合工具界面的 X data 旁边下拉框选择 x，再在 Y data 旁边下拉框选择 y，从拟合种类列表中选择模型类型，勾选 Auto fit。做完上述选择后，就可以在软件界面的中间区域看到拟合后的曲线及结果。如想实现对拟合数据的分析，或者说欲评估某 x 对应拟合曲线的值，可在 Table of Fits 的 Data 栏，点击鼠标右键，选择 Save ** fit to Workspace，再在出现的界面中选择 Save fit to MATLAB object named：fittedmodel，最后只需简单调用 fittedmodel(x) 即可完成。

【实验内容及操作】

1. MATLAB 基础实验

本部分实验内容针对 MATLAB 的基础编程与操作，包括 4 个实验项目，实验中用到的知识点请参见实验原理部分。

(1) 已知矩阵 A 的内容如下所示，请先思考下列语句的运算结果，然后利用 MATLAB 软件验证想法是否正确。

$$A = \begin{bmatrix} -1 & 1 & 7 & -3 \\ 2 & 3 & 9 & 5 \\ 6 & 4 & 11 & 8 \end{bmatrix}$$

(a) $A(2, :)$　　(b) $A(:, 2)$　　(c) $A(1:3, [2\ 2\ 3])$　　(d) $A(:, [1\ 1])$

(2) 已知矩阵 a, b, c 的定义如下所示，请思考下列表达式的运算结果，并用 MATLAB 软件计算验证。如果语句执行出错，请说明出错原因。

$$a = \begin{bmatrix} 1 & 2 \\ 3 & 4 \end{bmatrix}, \qquad b = \begin{bmatrix} -1 & 2 \\ 8 & 6 \end{bmatrix}, \qquad c = \begin{bmatrix} 2 \\ 4 \end{bmatrix}$$

(a) $a*b$　　(b) $a.*b$　　(c) a/b　　(d) $a./b$　　(e) $a.\hat{}b$　　(f) $a*c$　　(g) $c*a$

(3) 已知线性方程组如下所示，请编写代码求解该方程组。

$$x_1 + x_2 + x_3 + x_4 = 5$$
$$2x_1 - x_2 + 5x_3 - x_4 = -14$$
$$4x_1 - 3x_2 + 2x_3 + x_4 = -2$$
$$3x_1 + 2x_2 - 3x_3 - 2x_4 = 5$$

提示：利用线性代数知识，将线性方程组转换为矩阵形式，再利用矩阵除法求解。

（4）已知一辆汽车从初始位置 $s_0 = 0$ 处，以初始速度 $v_0 = 65\,\mathrm{km/h}$ 运行，加速度 $a = 0.14\,\mathrm{m/s^2}$。请编写代码计算 0～3 min 内，每秒对应的速度 $v(t)$ 与行驶的距离 $s(t)$。画出 $v(t)$、$s(t)$ 与时间 t 的关系曲线图，要求将这两条曲线画在同一个图形窗口。$v(t)$ 与 t 的关系曲线用红色实线绘制，数据点用星形进行标注。$s(t)$ 与 t 的关系曲线用绿色虚线绘制，数据点用圆圈进行标注。为了更好地展示绘制结果，请给曲线及图形窗口加上合适的标注。

2. 数据拟合处理实验

本部分实验内容针对数据拟合处理操作，通过 3 个实验项目让学生熟悉与掌握实验原理部分提到的 MATLAB 常用函数与工具。

1）普朗克常数测定实验的数据处理

本实验会给出如表 22-3 所示手动和自动模式下不同频率 ν 对应的截止电压 U_0 测量数据表格。首先考虑手动模式，请利用 plot 函数绘制截止电压与频率之间的 U_0-ν 关系图，使用 polyfit 函数对表 22-3 中的数据进行直线拟合，画出拟合后的曲线图。根据拟合得到的直线斜率计算出普朗克常数，将计算结果与普朗克常数公认值进行比较，求出实验的相对误差。同理，针对自动模式重复完成上述实验内容。

表 22-3　U_0-ν 关系

波长 λ_i /nm		365.0	404.7	435.8	546.1	577.0
频率 ν_i /($\times 10^{14}$ Hz)		8.214	7.408	6.879	5.490	5.196
截止电压 U_{0i} /V	手动					
	自动					

2）非线性数据拟合实验

设待拟合的实验数据如表 22-4 所示，该数据的数学模型是 $y = a_1 x/(a_2 + x)$，a_1 和 a_2 是待定参数。请根据表 22-4 中的数据，利用 nlinfit 函数计算待定参数估计值，编写程序绘制拟合曲线，给出拟合参数和误差平方和。通过变量替换，将 y 与 x 的非线性模型转换为线性模型，对该线性模型用 polyfit 函数进行拟合计算，编写程序计算拟合参数和误差平方和。

表 22-4 拟合数据表

x	0.02	0.02	0.06	0.06	0.11	0.11	0.22	0.22	0.56	0.56	1.1	1.1
y	76	47	97	107	123	139	159	152	191	201	207	200

3) 曲线拟合工具使用实验

本实验以普朗克常数测定实验的截止电压确定为例。在实验前，由实验指导人员给出某波长的光照射时，光电流 i 随电压 u 变化的实验数据。为了确定截止电压，通常用坐标纸将 i 随电压 u 的变化曲线绘制出来，采用交点法估计截止电压。本实验采用 MATLAB 工具完成截止电压的确定，设光电流数据用向量 I 表示，电压数据用向量 U 表示，实验过程及要求如下。

在 MATLAB 命令窗口提示符下敲击 cftool 命令回车，打开曲线拟合工具。首先在工作空间创建 I 和 U 数据向量，然后在曲线拟合工具界面 X data 栏的下拉框选择 U，在 Y data 栏下拉框选择 I，拟合种类列表选择多项式拟合，Degree 栏选择 5，其余采用默认选择，该工具将根据用户的选择，自动生成拟合曲线，拟合多项式的系数出现在 Results 界面框中。将得到的 6 个系数形成向量 $p=[p1\ p2\ p3\ p4\ p5\ p6]$，再用 roots 函数求解多项式的根，可得到截止电压。请认真完成上述实验过程，给出截止电压计算结果，并将拟合结果填入表 22-5。

表 22-5 拟合结果

p1	p2	p3	p4	p5	p6	SSE	R-square	Adjusted R-square	RMSE

【思考题】

1. MATLAB 基础实验的第(4)个题目要求在同一个图形窗口绘制速度与时间、行驶距离与时间之间的关系曲线。由于速度变化小，行驶距离随时间变化大，在同一图形窗口观察这两条曲线，会发现不方便查看速度曲线，请思考用什么办法解决这个问题。

2. 数据拟合处理实验的第(2)个题目采用了非线性拟合、线性拟合两种方法完成待定参数估计。请思考两种方法计算结果的区别，造成这种区别的原因是什么？

【参考文献】

岳鹏，程敏熙，2014. 用 MATLAB 曲线拟合工具箱处理物理实验数据[J]. 大学物理实验，27(5)：93-96.
祝宇红，朱玮，2006. MATLAB 在近代物理实验数据处理中的应用[J]. 实验技术与管理，23(4)：38-39.
Chapman S J，2011. MATLAB 编程[M]. 4 版. 英文影印版. 北京：科学出版社.